U0876671

建筑师的乡村设计

传统村落保护与建筑改造

刘涵晓 编

化学工业出版社
·北京·

内容简介

我国的传统村落是在长期的农耕文明传承过程中逐步形成的，凝结着历史的记忆，反映着文明的进步，蕴含着“天人合一”的生态智慧，是中华民族的宝贵遗产。本书立足于传统村落保护与建筑改造，分为两个主要部分：第一部分是设计引言，介绍了传统村落的基本情况、传统村落产业经济结构与发展、传统村落空间形态构成要素及其保护、传统村落建筑的改造策略等内容；第二部分是近年来一些较为典型的案例赏析，介绍了传统村落的整体保护和发展思路，以及其中建筑的功能用途、空间组织、材料运用等，包含实景照片、设计图纸、文字描述，在分析设计手法的同时，也列举了建设过程中遇到的难点及解决措施。

本书适合建筑设计师、建筑相关院校师生，以及民宿酒店、民俗博物馆、乡村民居的建设者阅读。对于热爱乡村生活和对建筑感兴趣的大众读者来说，也是不错的休闲读物。

图书在版编目（CIP）数据

建筑师的乡村设计．传统村落保护与建筑改造 / 刘涵晓编．-- 北京 : 化学工业出版社， 2025. 10.

ISBN 978-7-122-49048-3

Ⅰ. TU241.4; K928.5

中国国家版本馆CIP数据核字第2025VU5958号

责任编辑：毕小山　　装帧设计：米良子

责任校对：王鹏飞

出版发行：化学工业出版社

（北京市东城区青年湖南街13号　邮政编码100011）

印　　装：中煤（北京）印务有限公司

787mm×1092mm　1/16　印张15½　字数350千字

2026年1月北京第1版第1次印刷

购书咨询：010-64518888　　售后服务：010-64518899

网　　址：http://www.cip.com.cn

凡购买本书，如有缺损质量问题，本社销售中心负责调换。

定　　价：98.00元

版权所有　违者必究

前言

刘涵晓
德国 AKBW 注册建筑师
上海交通大学设计学院实践导师
llLab. | 叙向建筑设计联合创始人

对于我本人而言，真正接触乡村建设是在 2015 到 2016 年。让我用现在的视角来回顾这些已经实现的作品，依然还是会有新的感受和体会。当越来越多的项目逐渐落地，真实地呈现在人们眼前的时候，我愈发觉得建设过程中遇到的很多挫折和真正能够帮助乡村建设的点点滴滴难以被真实地表达和分享给大家。每一个乡村的故事都体现着各自的梦想，同时也蕴含着很多人的愿望。大家为村落勾勒的未来，有的实现于影像，有的实现于实际生活。但是从个人短短几年的参与经历来看，很多乡村建设往往具有千篇一律的同质性和单调感。其实我们更应该挖掘乡村建设背后的故事，让更多人看见这些隐藏在乡村更深处的生活，以此来帮助乡村取得更好的发展。

最开始接触到乡村建设的时候，每一个项目都地处一处美丽的基地和自然景观之上，然后我们就开始为一个未知的角色想象很多空间和生活场景，之后再去体会它们蕴含的“精神意义”。这时的我，自认为没有足够的把握去理解本地居民及相关行业的需求。因此在做项目的过程中，为了更好地理解乡村，我邀请了更加本土化的设计师团队和施工团队以及当地村民与我一起努力，以保证项目能更好地落地。即使一些想法和创意被回绝了，我也依旧保持专注和好奇心，多去探寻当地人的生活，去感受场所的性格。再从今天的视角来看，觉得乡村建设和实现更加不易了，这似乎不是一个平衡的参与体系，而是在一定的范围之内都很长远、主观的一种体验过程。

当城市化的浪潮以不可阻挡之势重塑着我们的生活版图，那些散落在山川之间的传统村落，正悄然经历着一场关于存续与新生的考验。它们是农耕文明的活态载体，是地域文化的基因密码，承载着祖辈的生活智慧与集体记忆——青瓦错落的肌理里藏着对自然气候的回应，砖石榫卯的构造中凝结着就地取材的巧思，街巷蜿蜒的格局里暗含着邻里交往的温度。然而，在现代化进程中，许多村落或因人口流失而日渐凋敝，或因过度开发而失去本真，如何让传统村落既守住“根”与“魂”，又能适应现代生活需求，成为摆在我们面前的重要课题。

我国当代优秀的乡村设计回应了这样的关切，它们用实际行动阐明“山水林草湖”与“街巷院落屋”之间的联系，保护与发展的辩证关系，传统村落的价值如何定义，保护的边界在哪里等一系列问题。

本书收录了一些优秀的村落保护与建筑改造案例，聚焦“设计”与“改造”的落地路径。既强调对传统营造技艺的尊重与传承，也探讨如何通过现代设计语言植入功能更新——比如在保留木构梁架的基础上优化采光通风，在延续院落格局的前提下满足厨卫现代化需求，让老建筑既能“看得懂过去”，也能“装得下现在”。这些案例为建筑师、乡村建设者及相关从业者提供了可借鉴、可复制的实践样本，让“保护”与“改造”不再是抽象的概念，而是具体可操作的路径。

传统村落的保护与建筑改造，从来不是简单的“修旧如旧”或“推倒重来”，而是一场关于文化自觉的实践——既要敬畏历史，不随意割裂村落的文脉肌理；也要拥抱时代，不固守僵化的形式主义。本书期待能为所有关注乡村未来的人提供一点思路与启发：当我们以建筑师的专业视角介入乡村，用设计的力量激活传统，那些沉睡的村落便能重新焕发生机，成为连接过去与未来的鲜活坐标。

目录

设计引言

案例赏析

设计公司名录

设计引言

传统村落概述

传统村落的产业经济结构与发展

传统村落空间形态构成要素

传统村落建筑

传统村落空间格局的保护与利用

传统村落民居建筑改造策略

合理保护、改造、利用，促进乡村振兴发展

1

传统村落概述

（1）什么是传统村落

“传统村落”是由人类聚居行为产生的“聚落”演变而来的。聚落本意是指人类的居所和进行生产劳动与社会活动的场所。它既是一种空间系统，也是一种复杂的经济、文化现象和发展过程。随着商业、手工业从农业中分离出来，聚落也分化成了以农业生产为主的乡村聚落和以非农业的商业、手工业生产为主的城市聚落。村落则成为乡村聚落的简称。随着社会的发展，一部分村落逐渐消亡，一部分村落演变为城市，还有一部分村落遗存下来，保留了其原有的村落建筑风貌和历史文脉，因此被称为“传统村落”；而有的村落随着时代的发展，其原有建筑风貌和历史文脉未能保留，则称为“一般村落”。

住房和城乡建设部自 2012 年开始会同文化部、国家文物局、财政部等以《传统村落评价认定指标体系（试行）》为标准评选传统村落，截至 2022 年已在 31 个省级行政区（港澳台除外）中评选出六批传统村落。2012 年，住房和城乡建设部等三部门联合发布《关于加强传统村落保护发展工作的指导意见》（建村〔2012〕184 号），明确了传统村落的定义，即传统村落是指拥有物质形态和非物质形态文化遗产，具有较高的历史、文化、科学、艺术、社会、经济价值的村落。

传统村落一般具备如下基本特征。

①整体格局的完整性：村落的建筑布局、道路走向、山水景观格局都保留着历史上形成的基本风貌。

②建筑风貌的传统性：村落中保留着相当数量的历史建筑，或保留着传统的建筑风格特征。

③历史文化的传承性：村落中保留着一定的具有民族特色或地方特色的文化传统，即“非物质文化遗产”。

我国的传统村落是在长期的农耕文明传承过程中逐步形成的，凝结着历史的记忆，反映着文明的进步，蕴含着“天人合一”的生态智慧。它体现着当地的传统文化、建筑艺术和村镇空间格局，反映着村落与周边自然环境的和谐关系，具有丰富的历史、文化、经济、科学等研究价值，是中华民族的宝贵遗产。

上坪古村是福建省历史文化名村，村落改造很好地保留和传承了当地传统特色

© 上坪古村复兴改造 / 三文建筑（设计）/ 金伟琦（摄影）

© 上坪古村复兴改造 / 三文建筑（设计）/ 周梦（摄影）

（2）传统村落当前遇到的困境

①城镇化进程加速，导致传统村落数量锐减，部分村落处于自生自灭的状态。在消失的村落中，其中有不少是具有历史风貌的传统村落。我国绝大多数传统村落往往处在经济落后、交通不便的偏远山区，人居环境和生活水平较差使得大量村民外出务工，导致传统村落出现空心村现象，村民的离开更是加速了村落的凋敝和损毁。

②乡村建设中缺乏科学系统的管理，技术和资金没有得到充分利用。一些传统村落由于长期缺乏保护，导致复原的难度很大，如何在修复的过程中保持原有的风貌也是值得深思的问题。而在修复的过程中，很多地区更倾向于将传统村落进行重建，因为对原有古建筑进行开发的投入产出比很低，很多地区进行修复后不仅很难开发，而且每年还需要投入大笔的修护资金，从而陷入了破坏性重建的困境。

③乡村文化没有得到很好的传承，千村一面。乡村对于当地的村民来说，是一种生活环境，是千百年来形成的最适合他们的生活状态。在民风民俗方面，素来就有“百里不同风，十里不同俗”的说法。代表乡村传统文化的符号可以体现在乡村的方方面面，如独特的景观环境、建筑形态、文化演绎、产品包装等，这些都可以成为一个村落的标记或者形象缩影。

④乡村建筑产权复杂，主要表现在宅基地所有权是村集体的，而基地上的建筑是农民私有的。传统的乡土建筑大多经历了几代传承，容易出现房屋产权分散或者不清等状况。还有一些建筑由于常年无人使用，已经处于空壳状态，房主不愿维修，任其处于破败的状态，这些都会成为传统村落保护及改造的阻碍因素。

⑤旅游业的扩张与传统村落之间存在矛盾。例如旅游开发中利益主体的矛盾，经济利益的分配矛盾，以及古建筑保护和修缮等方面的矛盾。

⑥传统村落环境破坏与污染严重。近年来，旅游开发导致游客大量涌入村落，对传统村落的环境承受能力提出了巨大挑战，造成了环境严重破坏和污染。乡村聚落一般较少具有完善的排水系统和污水处理系统，大量旅游人口涌入农村，生活污水得不到充分净化，就会对水渠、河道产生污染，进而污染农田土壤、农作物。

2

传统村落的产业经济结构与发展

当前，我国传统村落的产业经济发展呈现出不均衡的态势：一方面随着城镇化的加速推进，很多农村面临着日益凋敝和衰败的局面，不少地区出现了农村空心化、农业土地闲置的现象；另一方面，休闲农业、旅游产业、文化创意产业等多种产业的共同发展为传统村落经济社会的发展注入了新的活力。

（1）传统村落产业经济结构

①传统农业。传统村落是经过长期的历史演变遗存下来的，农业仍然是其产业经济结构中的重要组成部分。由于经济发展水平和交通条件等因素的制约，传统村落的农业生产基本停留在传统的种植业、养殖业、副产品加工业等阶段。

②传统手工业。传统村落的手工业最初只有小范围的物质交换。商品经济发展带来的巨大市场需求促进了手工业的发展。近年来，旅游业的发展为传统手工业带来了良好的发展条件，手工艺品附加的文化、审美价值大大提升了手工艺品的经济价值，同时也提高了手工艺人的经济收入。有的村落还围绕传统手工艺形成了传统村落的特色产业。

③劳务经济。传统村落大多位于偏远山区，经济发展落后，使得年轻人离开村落到经济发达的城市中获取更多的经济收入，从而形成劳务经济。由此造成传统村落空心化、人口老龄化等社会问题。但不可否认的是，劳务经济确实提升了村民的经济收入，只有解决村民的就业问题才能克服劳务经济带来的弊端。

④旅游业。传统村落借助于自身丰富的物质与非物质文化遗产，使其

旅游业得到快速发展。由于旅游业带来的经济收益在传统村落经济收入中占比较大，有的村落因此将旅游业作为其支柱产业。

（2）传统村落产业发展模式

①现代农业。在传统种植业的基础上，应用现代科学技术和管理方法，秉承有机、绿色的消费理念，通过规模化提升、合作社组织、龙头企业带动等路径实现现代农业的产业化发展，如生态农业、休闲农业、观光农业、农业示范基地等。

②林业开发。利用林下土地资源和林荫优势推广林下种养的经济模式，促进集约化、生态化生产，如花卉苗木种植等。

③畜牧水产养殖。推广禽畜生态化、规模化养殖，建设无公害养殖基地；水资源丰富的村庄发展水产生态养殖业，推动渔业科技。

④农副产品加工。对农业生产的动植物产品及其物料进行加工，提高农产品附加值，如制茶业、烤烟业、农产品伴手礼等。

建莲产品的农创设计

© 上坪古村复兴改造 / 三文建筑（设计）/ 金伟琦（摄影）

⑤传统产业延续。一些村落的传统作坊生产是当地的支柱产业，条件允许的村落可引导家庭作坊式的传统产业进入工业园区，实现集约化发展，如茶油生产、陶瓷制造等。

⑥服务商贸。例如，旅游景区入口及周边的村落可为景区游客提供便利的住宿、餐饮、商业等配套服务。

⑦观光游览。传统村落的观光游览可以分为以山水风景、农林业景观观光为主的自然风光观赏和以传统村落格局、古建筑艺术欣赏、历史遗迹寻访等为主的建筑观赏，如摄影写生基地、油菜花观光基地等。传统村落旅游景观规模较小，游客停留时间往往较短，单独的观光游览不足以带动村落有效发展，需要考虑如何与其他活动及产品结合，吸引游客。

作为上坪古村水口区域农业的传统工艺遗存，烤烟房具有一定的旅游观赏价值，可以满足城市人对传统制烟工艺的好奇

© 上坪古村复兴改造 / 三文建筑（设计）/ 金伟琦（摄影）

⑧休闲度假。休闲度假旅游的产品形式多样，主要有农家乐、家庭农场、特色民宿、企业拓展、野外拓展、生态疗养等。当前的休闲度假体验更加追求度假地的文化氛围和内涵。

⑨民俗文化体验。以村落传统民俗和农民生产生活方式体验为核心，游客通过参与民俗活动、农事活动充分体验当地民众生活。因此，民俗文化活动和农事活动的独特性非常重要。

⑩文化创意。依托于传统村落丰富的传统文化资源，运用新的理念，融合创意手工业、创意农业，实现产品的高融合性、高文化内涵和高附加值。

除此之外，基于农产品订购的众筹农业和农村电商也成为传统村落新的产业发展模式。

3

传统村落空间形态构成要素

传统村落空间形态的界定对于村落寻根溯源和发展保护具有重要意义。传统村落的空间形态构成要素包括自然环境、街巷、建筑、村落绿地、公共空间等。

（1）自然环境

自然环境包含气候、地形、地貌、水系和自然资源等环境因素，对村落的生态、景观、人文等方面具有重要影响。传统村落一般具有独特的建筑形式，这与相应的自然环境和地貌有着不可分割的关系。这些建筑在不同的自然环境中，逐渐形成了独特的外观和表面肌理，体现出明显的带有地方特色的景观特性。

（2）街巷

街巷空间是传统村落形态的支撑、串联和分隔，把各种空间构成元素有机串联起来，是村落中不可或缺的线性结构和骨架。传统村落的街巷网络大致可分为鱼骨形和网形。鱼骨形的街巷空间通常存在于带状的村落中，一条主要道路连接次要道路，路网结构主次分明，多为自然形成。网形街巷空间的村落地势较为平坦，规模较大。

（3）建筑

传统村落建筑是传统文化及生活的见证者，反映了不同时期、不同地域、不同经济社会发展阶段形成和演变的历史过程，传承了我国不同时代的空间组织技术、建筑科技、建材技术、结构技术，以及朴素的生态观、民俗文化、传统审美情趣和生活方式，是“传统文化的明珠”和“民间收藏的瑰宝”。我国传统村落建筑按照其功能可分为居住建筑、文化建筑和商业建筑，还有一些有特色的构筑物，如亭、牌坊、古桥等。

（4）村落绿地

村落绿地按照功能性要求可分为三类：生产型绿地、生活型绿地、生态型绿地。

①生产型绿地是自然或人工种植形成的具有一定规模的植物覆盖、虫鸟栖息的以绿化为主的区域，一般由不同的种群、群落组成一个完整的自成体系的生态链，能够自我生长、修复，不需要太多的人工养护。

②生活型绿地是人工种植的，带有一定观赏性和娱乐性的小范围内有植物的区域，可供休息玩耍的场所。

③生态型绿地是指为村落绿化提供苗木、花草、种子的苗圃、花圃等圃地，影响村落绿化的质量，改善村落环境，同时也可以供人玩赏，丰富人们的生活。

（5）公共空间

是指广场、桥头、村口、水边、街巷节点等点状的空间。这些点状的公共空间丰富了村落的空间形态，是传统村落空间中最灵活多变的要素，是村落物质环境建设的中心内容。

4

传统村落建筑

（1）平面布局类型

我国传统村落住宅建筑的平面布置方法多种多样，凝结了千百年来的大众智慧，其中最具代表性的布置形式有一字形、合院和环形。

一字形的平面布局形式是最简单也最普遍的，是其他形式发展的基础，以中央明间为中心，布置为左右对称的形式。

一字形的布置向前扩展形成了合院的布置形式。合院按照组合形式的不同可分为一合院、二合院、三合院和四合院。合院可以作为基本的院落元素，通过纵向轴线串联和横向并列的方法相互组合，形成“庭院深深深几许”的复杂形态。

环形的平面布局主要见于福建地区的土楼，其最突出的特点是聚族而居，同时还具有安保防御、冬暖夏凉、防风抗震、采光通风等功能。

（2）结构构造设计特色

传统村落建筑采用的建筑材料基本为石材、木材和土。石材是人类应用历史非常久远的材料之一，易于取材，应用技术成熟。木建筑是中国古代建筑中最常见的，在我国传统村落中大量存在。木建筑的主要结构形式有抬梁式和穿斗式两种，同时也存在伞架式和斜梁式及其他结构形式。泥土也是一种重要的古建筑材料，如黄土高坡的窑洞与福建客家土楼。为了提高土墙的强度和韧性，内部常使用竹条、树枝等材料作为墙的“龙骨”。

泰安东西门村活化更新项目中使用了大量石材，展现了建筑所在地乡村风貌的重要特征

© 泰安东西门村活化更新 /line+ 建筑事务所（设计）/ 章鱼见筑（摄影）

© 泰安东西门村活化更新 /line+ 建筑事务所（设计）/ 潘杰（摄影）

（3）采光遮阳与通风防潮设计

一些地区为了解决防晒防雨及通风防潮的问题，设计出了天井和吊脚楼。一般的传统建筑外墙厚实，天井便承担了主要的采光通风功能，将光线引入周围建筑中。天井的体量与建筑物大小成正比。底层架空对于山地多变的地形和四季分明的气候也具有很强的适应能力，较好地解决了房屋在潮热气候地区的通风防潮问题。

天井内侧

天井与水院的关系

阳光通过天井进入室内空间

© 拾云山房 / 尌林建筑设计事务所（设计）/ 赵奕龙（摄影）

（4）建筑造型艺术特色

传统村落建筑造型的艺术特色大多体现在建筑装饰上，结合当地的材料，融入当地文化的影响，创造出了很多造型独特、制作精美的木作、石作、瓦作、彩画作等。

传统木作分为大木作和小木作。大木作是房屋结构的支撑，构架起整个建筑的体量。而传统的小木作在门窗、隔扇、天花、藻井中都有体现。

传统建筑中的瓦作多种多样，在屋顶和山墙以及地面中体现得尤为明显。大多数传统村落建筑的地面采用素土地面。有些地区盛产石材，建筑中便利用青石板铺地，起到了防潮的作用，经过雕刻的石板也非常美观。有些地区将烧制的瓦片与泥土整齐排列，做成地板，草籽落入其中自然生长。

北沟村瓦厂改造项目中，建筑屋顶使用了大量的琉璃瓦

© 北沟村改造 / llLab. | 叙向建筑设计（设计）/ llLab. | 叙向建筑设计（摄影）

© 北沟村改造 / llLab. | 叙向建筑设计（设计）/ 存在建筑（摄影）

柱础是安放在柱脚下，形状与柱相同（圆柱用圆基，方柱用方基）的基础。其既能传递荷载又具有装饰作用，还能防止木柱受潮腐蚀。抱鼓石是放在大门的门轴下垫起门轴的石头，具有吉祥和喜庆的内涵。石雕中有用于装饰的石狮子，以独立的姿态作为大门前守护的象征。

彩画多见于建筑构件，如梁上为了祈求避免火灾而绘的水生植物及额枋和构架梁上的青绿色涂装等。此外，房屋的檐口处也是经常能见到画作的地方。彩画的主题、色彩和图案随房主的审美而变化，与整体建筑结合，形成民居特色。

5

传统村落空间格局的保护与利用

5.1 保护与利用的基本模式

（1）保持传统空间形态，完善原有功能

适用于村落空间格局保存完整，历史遗存丰富，真实性价值高的村落，要保护原有街区或传统村落的格局、轮廓线。对于传统街巷中的建筑形式、特点、体量、色彩、比例等要保持原有风格不变，同时要注意保护村落视域的完整性。对于村落中不能满足现代生活要求的设施进行完善：规划以环境质量改善和功能整合为主，对于质量不高的历史建筑以修缮为主。

（2）保持传统空间形态，局部功能更新

适用于村落空间格局保存完整，历史遗存丰富，真实性价值高但发展受限，历史建筑质量普遍不高的村落。应保护村落的传统空间格局，对村落的功能进行调整，进行现代化基础设施建设，改变其原有功能，对居住功能进行变更。例如，将沿街巷的民居改建为商业用房；将一些特别具有历史意义的建筑改建为博物馆、民俗馆等，增强村落的活力；对质量不高的历史建筑可以拆除。

北沟村原村落燃气站被拆除，新建三卅民宿，由村民运营，供游客使用

© 北沟村改造 / IILab. | 叙向建筑设计（设计）/ Fernando Guerra | FG+SG（摄影）

（3）保持传统空间形态，内部功能置换

适用于村落空间格局比较完整，历史遗存较少，发展受限的村落。新建建筑应遵循村落的传统格局，依照村落的原有肌理进行规划，以具有可持续发展条件的产业对限制村落发展的产业进行功能置换。

（4）延续传统空间形态，重塑内部功能

对于新建村落要以传统村落的空间肌理、院落组合形式以及尺度关系等为依据进行规划设计，营造以新建筑为主但具有传统氛围、布局完整的村落。新建村落应当对传统村落的自然历史文化遗存的典范进行保护和利用，对传统乡建元素坚持批判继承，而不是简单、低级地模仿。适当引进现代建筑元素和技术，不盲目推崇，同时也要满足乡村社会生活和人的需求。

5.2 保护与利用的积极途径

（1）留住并吸引更多的人回到乡村、建设乡村

由于城镇化进程的不断加速，村落空心化日益严重，甚至面临消亡的危险。在保护和改造传统村落过程中，要让村民享受到科技和现代化带来的便利，并且能为其带来满意的收益。乡村的发展往往是由旅游行业率先带动的，伴随着旅游业的发展，各种基础设施建设也日益完善，不仅方便城市游客的游玩体验，也能在很大程度上提高乡村原住民的生活质量，改

变村落破败的环境。村民可以加入当地的餐饮服务行业实现就业，也可以通过打造乡村农业品牌，售卖具有当地特色的农产品和土特产来增加收入，从而吸引更多村民回乡发展，改变村落空心化和破败不堪的原貌。除此之外，还应该在政府的协调下，实施乡村振兴人才支持计划，组织引导教育、卫生、科技、文化、社会工作、精神文明建设等领域人才到基层一线服务，支持培养本土急需紧缺人才。实施高素质农民培育计划，开展农村创业带头人培育行动，提高培训实效。

© 东梓关回迁农居 /gad（设计）/ 姚力（摄影）

杭州富阳东梓关村回迁农居改造在很大程度上改善了村民居住条件。原住民的回归，多家设计公司、工作室的进驻，农家乐、酒作坊、咖啡厅等生活配套空间的逐步跟进，使得整个村庄的人气活力都得到了大幅提升——这个已经被遗忘的小村落重新走入了大家的视野

© 东梓关回迁农居 /gad（设计）/ 胡栋（摄影）　© 东梓关回迁农居 /gad（设计）/ 陈曦（摄影）

（2）科学管理，建立有效的资金保障机制，推进科技创新

首先对不同保护价值的村落进行全面评估，分别制定具有针对性的保护和改造措施，加强对村落的科学化管理，建立数据库，方便查询相关信息。在资金投入方面，以政府为主导，将村落保护经费纳入到财政预算当中，成立专项基金，并且通过合理引入社会资本等方式，确保资金得到充分的利用。此外还要注重技术创新，与高科技企业合作的同时也要与当地农民、手工匠人合作。不仅要引入先进的改造技术和理念，也要让传统乡村技艺得到发挥，将二者有效结合起来。

（3）抓住地方文化特色，避免千村一面、千篇一律

传统村落的保护应该以村落所在的自然地理环境为基础，尊重不同地区在历史长河的发展中逐渐形成的能反映当地自然环境、经济和文化特色的各种技术、建筑类型、居民生活方式等，并在此基础上做出保护性的改造。保留乡村风貌，留得住青山绿水，记得住乡愁。以位于安徽省的宏村为例，宏村坐落在安徽省黟县，位于黄山西南麓，拥有着丰富的历史和文化底蕴。这座拥有千年历史的古村落，始建于南宋绍兴年间。在这里，可以感受到古代徽州人民的生活方式和传统文化。宏村的建筑风格独具特色，是中国传统徽派建筑的代表之一。即使已经历经了上千年的风霜洗礼，大部分建筑依旧保留着历史的独特风貌，以青砖、白墙、马头墙为主要特点。漫步其中，仿佛穿越回了古代。一草一木、一砖一瓦都带着历史的沉淀和岁月的痕迹。独特的村落风貌和历史文化，使得宏村在众多传统村落中脱颖而出，成为传统村落保护与建设的佼佼者。2000 年，以宏村为代表的皖南古村落被联合国教科文组织列入世界文化遗产名录。

（4）多方协调完善乡村土地和建筑物的确权工作

2023 年中央一号文件指出：稳慎推进农村宅基地制度改革试点，切实摸清底数，加快房地一体宅基地确权登记颁证，加强规范管理，妥善化解历史遗留问题，探索宅基地“三权分置”有效实现形式。深化农村集体经营性建设用地入市试点，探索建立兼顾国家、农村集体经济组织和农民利益的土地增值收益有效调节机制。保障进城落户农民的合法土地权益，鼓励依法自愿有偿转让。巩固提升农村集体产权制度改革成果，构建产权关系明晰、治理架构科学、经营方式稳健、收益分配合理的运行机制，探索资源发包、物业出租、居间服务、资产参股等多样化途径发展新型农村集体经济。健全农村集体资产监管体系。

随着农村土地和建筑确权工作的不断进行，农村房地产的产权问题也逐渐明朗化。如果农民是老房子的主人，他们将有权决定老房子的处理方式。当然，决策必须合法合规，并符合国家的房地产法律和政策。对于房主无力承担的，却又具有保护意义的老建筑，可采取政府收购老建筑产权的形式进行保护和开发。除此之外，也鼓励社会资本和公众通过认领、认养、认保和租用等方式，共同完成传统村落建筑的保护和改造工作。

（5）加强村落环境治理和宣传教育工作，保护乡村生态环境

旅游业的发展在一定程度上给乡村环境带来了一些压力，大量外来人口和车辆的涌入在一定程度上给乡村环境带来了破坏。要解决这一问题，首先应该完善旅游规划，通过合理的规划，提升环境的承载力，并且针对旅游路线加强周边的基础设施建设，科学规划排污系统。其次要加强宣传

教育，通过指示牌、宣传标语等方式提醒游客规范自身行为，提升环保意识，减少对当地环境的污染和破坏。合理设置垃圾桶，做好垃圾清理工作，并且加强监督和管理。

6

传统村落民居建筑改造策略

传统村落建筑中，民居建筑的数量最多。就目前的状况来看，传统村落民居建筑的改造方向主要有三个：一是延续居住功能，改造厨卫等基础设施，改善室内居住环境；二是旅游商业服务化改造，通过植入商业功能，如民宿、商店、餐馆等，保证民居的可持续发展；三是文化展览类改造，充分挖掘传统村落的历史文化价值。

对于建筑空间的改造方式，一类是保留原有外观，只对内部空间进行置换，根据置换程度，可分为置换式、合成式；另一类是通过对民居的扩建来进行功能置换和改造，可分为共生式和并置式，扩建的方式有水平扩建与垂直扩建等现代方式。

对传统村落民居建筑进行改造时应注意以下方面。

（1）充分调研，对建筑的改、拆做出精准预判

在对老建筑进行拆、改之前，应先对其房屋现存情况作出实地调研和鉴定评估，再根据评估状况作出进一步的拆改方案。根据住房和城乡建设部于 2019 年印发的《农村住房安全性鉴定技术导则》，房屋改拆的鉴定标准如下。

①房屋组成部分危险程度鉴定。对房屋各组成部分现状进行现场调查、查勘和检测，包括地基基础、上部承重结构和围护结构，分别鉴定其危险性，鉴定结果分为 a、b、c、d 四个等级：a 级——无危险点；b 级——有危险点；c 级——局部危险；d 级——整体危险。

②房屋整体危险程度鉴定。对房屋各组成部分危险程度鉴定分级情况进行汇总，确定房屋整体危险性，鉴定结果分为 A、B、C、D 四个等级：A 级——结构能满足安全使用要求，承重构件未发现危险点，房屋结构安全；B 级——结构基本满足安全使用要求，个别承重构件处于危险状态，但

不影响主体结构安全；C 级——部分承重结构不能满足安全使用要求，局部出现险情，构成局部危房；D 级——承重结构已不能满足安全使用要求，房屋整体出现险情，构成整幢危房。

③在各组成部分危险程度鉴定结果基础上，结合房屋宏观情况进行综合判定，确定其整体危险程度等级：A 级——房屋各组成部分各项均为 a 级，即房屋没有损坏，整体现状基本完好；B 级——房屋各组成部分至少一项为 b 级，即房屋出现轻微破损，存在轻度危险；C 级——房屋各组成部分至少一项为 c 级，即房屋出现中度破损，存在中度危险；D 级——房屋各组成部分至少一项为 d 级，即房屋出现严重破损，存在严重危险。

生土墙体承重、砖土混合承重房屋，泥浆砌筑的砖木、石木结构房屋，即使观感完好，但存在潜在原始缺陷，不应评为 A 级。

经鉴定为局部危房或整幢危房时，应按下列方式进行处理。

①经鉴定为 C 级危房的农村住房，鼓励因地制宜进行加固维修，解除危险。

②经鉴定为 D 级危房，确定已无修缮价值的农村住房，应拆除、置换或重建。

③经鉴定为 D 级危房，短期内不便拆除又不危及相邻建筑和影响他人安全时，应暂时停止使用，或在采取相应的临时安全措施后，改变用途不再居住，观察使用。

④有保护价值的 D 级传统民居及有历史文化价值的建筑等，应专门研究后确定处理方案。

⑤确定加固维修方案时，应将消除房屋局部危险与抗震构造措施加固综合考虑。

⑥当条件允许时，加固维修宜结合房屋宜居性改造和节能改造同步进行。

（2）充分了解外来游客和本地村民的使用需求，增加建筑利用率

在对传统村落进行改造的过程中，要处理好村民主体和外来市场主体的关系，不能简单地把传统村落变成营利的工具。要坚持村民的主体地位，共同参与，让村民的日常生活变得更好。

以尌林建筑设计事务所在浙江省金华市武义县柳城镇梁家山村完成的拾云山房为例，建筑位于山林古村之中，村子保留了完整的夯土民居面貌，村中建筑依山势高差而建，群山环绕，村口处尚存几棵繁茂的古树，已有上百年历史。书屋坐落于村口广场不远处，旁边是保留完好的夯土三合院民居，场地原址有一个牛栏房，坍塌后被拆除。建造书屋是为了给古村提供一个阅读的公共空间，一个让人静下心的地方，从而吸引更多的游客、年轻人和小孩子来到山里；也希望能够创造出一个丰富而安静的场所，让

小孩子和老人都能在这座建筑中感受到自由和快乐。把书屋的一部分空间留给村民，是设计师们设计初始阶段就有的想法，也是一种直觉性的感受。在书屋的首层做一个架空的半室外开放空间，用十根结构柱架空整个书屋首层。实体空间都设定在二层，两个空间通过一部室外楼梯进行连接，只在首层局部设置了一个小水吧，可以提供饮水，其他的空间完全向公众开放。山里的村民们可以在此喝茶聊天，小孩们也可以在这个空间玩耍打闹，这个开放空间把各种活动的可能性都串联起来。

村民在书屋的架空空间喝茶聊天

温和的光阅读环境

© 拾云山房 / 尌林建筑设计事务所（设计）/ 赵奕龙（摄影）

（3）因地制宜，就地取材降低成本

对村庄而言，由于地理位置和气候环境不同，适用于当地建筑的建材也是不尽相同的。就地取材不仅可以节约成本，还能保证材料与当地环境更加匹配。对于建筑改造来说，有时候不得不拆除一些废旧的建筑主体，但是这些部分也具有一定的历史和文化意义，如果能适当地再利用，就既能体现当地特色，又能增加审美效果。

以尌林建筑设计事务所在浙江省金华市武义县柳城镇梁家山村完成的另一个项目清啸山居为例，村中建筑依山而建，大部分建筑都由木结构夯土墙构成，一条小溪穿流于村落，溪边古树尚存。清啸山居坐落于村庄古树旁的小溪边，小溪对岸是梯田和环山，民宿背靠整个村落和大山，是理想中的隐居之所。场地原址有一栋三开间两层高的夯土房和一个小公厕，夯土房墙面已经大面积开裂，墙体倾斜外扩。综合考虑各方面因素，设计师决定将其拆除重建。乡村营造存在特有的限制性因素，包括交通不便、资源匮乏等。在建筑材料的运用上，充分利用在地化的材料则变成了一种主要的建造策略。村落中回收的小青瓦、原建筑夯土墙体材料、当地的毛石砌块、竹子、老石板、回收老木板、水磨石，都是一些在地化的材料，方便就地取材，回收利用，再生环保。

毛石砌块的使用

小青瓦垒砌的墙体细节

© 清啸山居 / 尌林建筑设计事务所（设计）/ 赵奕龙（摄影）

（4）合理发展建筑集群，完善配套设施

在乡村的规划过程中，单一类型的项目很难满足城市游客以及本地村民对于建筑的使用需求，因此合理发展建筑集群，完善配套设施建设就显得尤为重要。

以 llLab.| 叙向建筑设计在北京市怀柔区北沟村完成的一系列乡村建筑改造为例，北旮旯涮肉乡情驿站从乡村大棚厨房被改造成老北京涮肉和乡村会客厅；燃气站空地被勾勒成了三卅村落型民宿，在充分利用当地材料和建造方法的基础上融入现代生活元素，将城市与北沟乡村生活自然融合；随之，原本的瓦厂酒店又重新被改造，在乡村发展和变化的过程中凸显出北沟村的原本特点和文化，用更加自信的表现形式，体现出琉璃瓦及长城脚下村落的底蕴；而瓦美术馆的建成，表达了将北沟视为第三故乡，发展乡村，活化乡村的理念，同时使用艺术的表现手法，将乡村形象与城市美学自然融合。

一系列建筑改造的完成为北沟村注入了新的活力

© 北沟村改造 / llLab.| 叙向建筑设计（设计）/ 存在建筑（摄影）

一系列建筑改造的完成为北沟村注入了新的活力

© 北沟村改造 / IILab. | 叙向建筑设计（设计）/ Fernando Guerra | FG+SG（摄影）

© 北沟村改造 / IILab. | 叙向建筑设计（设计）/ 刘涵晓（摄影）

（5）融入当地建筑及文化特色，保留古村落的文化基因

保护好文物类建筑、历史街区、传统建筑等物质文化遗存，注重保护历史和传统文化，提升和完善乡村当地的传统精神及文化认同感。将乡村传统建筑所体现的特色文化和民族特点保留下来，真正留住乡村传统建筑的根。在具体改造时，可以根据乡村建筑的特点、建筑风格、建筑文化元素等具体内容进行分析，在保留并修整现有乡村传统建筑的基础上，打造体系化的乡村特色建筑文化集群。让乡村传统特色的建筑群成为传统文化的传承载体，化身为当地乡村文化的代名词，成为抒发乡愁的文化场所，进而推动乡村传统建筑的保护进程。

以位于江西省婺源县虹关村的留耕堂修复与改造为例，婺源属于古徽州的范围，虹关村位于婺源县城以北 50km，是明清时期享誉全国的制墨圣地。虹关村詹氏墨品就是虹关古烟墨的代表：正是詹元秀（1627—1703 年）改良了原有工艺，使虹关烟墨成为文人墨客的钟爱之品，如今在故宫博物院里可以看到虹关詹氏墨品。留耕堂位于虹关村村口，是清末制墨大师詹成圭的第三个孙子詹国涵的宅第。建筑面对村口的千年大樟树，及近年来修建的村民活动广场，是当地少有的带院落的宅子。2017 年初，在婺源当地一直专注修复和利用徽州古宅的吴志轩先生找到了三文建筑设计团队，希望能够共同打造一个以徽墨文化为主题的民宿。设计团队接受了任务，并试图与业主一起，通过修复、改建和创新，探索出特定文化背景下的，符合当代需要的古民居修复和改造利用之路。理想是丰满的，但现实并不会一帆风顺，在经历了近三年的做做停停后，项目终于在 2019 年 12 月初步完工。

留耕堂外观保留了传统建筑风貌

正堂空间原有的布局被读书空间替换

© 留耕堂修复与改造 / 三文建筑（设计）/ 方立明（摄影）

7 合理保护、改造、利用，促进乡村振兴发展

（1）提升乡村基础设施建设，改善乡村环境

传统村落的保护离不开乡村基础设施的建设和乡村整体环境的提升。第一，实施农村道路畅通工程，保障各类车辆和居民的出行便利，并且做好道路的养护和管理工作，强化农村道路交通安全监管。第二，对传统村落进行供水和供电的保障工程建设，确保水电供应充足。第三，优化乡村生态环境建设，包括对垃圾的无害化处理，实施厕所革命，对乡村传统旱厕进行改造，加大对粪尿污物的资源化、清洁化处理等。第四，对乡村老旧房屋做好评定与修缮工作，切实保障用房安全。第五，加强乡村公共服务建设，帮助游客和村民及时解决生活中遇到的问题。

（2）加强乡村精神文化建设，传承当地传统文化

传统村落往往蕴含着深厚的历史文化底蕴，弘扬和传承优秀传统文化意义重大。在传统村落中，古建筑是村落的灵魂，凝聚着远古先民们的劳动和智慧。它是文明的承载体，其价值不可估量。在修复古建筑时，要尽量保留其传统元素，并且尽量恢复原来的风貌，从而体现其文化氛围。修复好的古建筑可以提供给村民和游客使用，让古建筑不再只可远观。在使用古建筑的过程中，注重科普其建筑历史，通过古建筑传播当地的历史文化和精神文化。除此之外，还要注重保护古建筑和周边村落整体环境的完整性，不可将二者割裂开，并且对古建筑周边搭建自有房屋的行为加以规范和引导。

（3）打造乡村 IP，制作文创产品，提高乡村辨识度

2019 年，《中共中央　国务院关于坚持农业农村优先发展做好“三农”工作的若干意见》发布，并明确指出，要加快发展乡村特色产业，倡导“一村一品”“一县一业”，创响一批“土字号”“乡字号”特色产品品牌。“一村一品”和“一县一业” 强调每一个乡村都应该有自己的特色产业品牌，发挥当地的优势，实现产业转型。而“土字号”“乡字号”的要求就是要打造属于自己的乡村 IP 。乡村文旅振兴要求乡村能找到自身的特色产品，经过积极有效的包装设计，创造产业型项目。同时，也要积极推广乡村 IP 形象，帮助乡村文创产品的研发和推广，提高乡村 IP 的识别度和竞争力。

文创产品

© 上坪古村复兴改造 / 三文建筑（设计）/ 金伟琦（摄影）

（4）吸引更多游客来到乡村，增加旅游收益

发展乡村旅游业是转变农民收入增收方式、改善农民生活的有效途径。以往，农民都是依靠土地和农产品来增加收入，但是乡村旅游业的发展使得农民有了新的经济来源，同时也能进一步推广自己的农产品，增加附加值，提高收入。乡村旅游业一般对人员的年龄和经验没有太多要求，反而需要熟悉环境的人来工作，因此，越来越多的当地劳动力参与到乡村文旅发展中。以往靠青壮年来进行劳动生产，获得收入，如今乡村旅游业的发展使得越

来越多其他年龄段的农民也可以参与进来，提供了更多的就业舞台。

（5）完成产业化升级，增加农民收入

产业化升级指的是通过改变产品结构，提高生产效率和产品质量，来增加产品的附加值，使得原有的产业更加具有经济效益和社会效益。乡村产业振兴要紧紧围绕农村第一、第二、第三产业的融合发展，以农业为主，进一步丰富农村产业的多样性。乡村休闲旅游业是农业功能拓展、乡村价值发掘、业态类型创新的新产业，横跨一、二、三产业，兼容生产、生活、生态，融通工农城乡，发展前景广阔。乡村休闲旅游要坚持个性化、特色化的发展方向，以农耕文化为魂、美丽田园为韵、生态农业为基础、古朴村落为形、创新创意为路径，开发特色明显、形式多样的乡村休闲旅游业态。日益完善的乡村旅游业也能给周边农副产品的发展带来新的转机，为乡村产业化升级做出贡献。

参考文献

[1] 胡彬彬，李向军，王晓波．中国传统村落蓝皮书：中国传统村落保护调查报告 (2017)[M]. 北京：社会科学文献出版社，2017.

[2] 徐峰．传统村落的适应性保护与发展 [M]. 北京：中国建筑工业出版社，2022.

案例赏析

泰安东西门村活化更新
北沟村改造
上坪古村复兴改造
上海奉贤李窑村乡村振兴
贵州龙塘精准扶贫设计实践
武义梁家山清啸山居民宿

泰安东西门村活化更新

▲夜景鸟瞰图

项目地点： 山东省泰安市东西门村

建筑面积： 3023 ㎡（存量改造），567.56 ㎡（新增书房及休闲配套空间）

设计单位： line+ 建筑事务所

主持建筑师 / 项目主创： 孟凡浩

设计团队： 陶涛、朱敏、胥昊、张尔佳、黄广伟、袁栋、李三见、谢宇庭、郝军、徐天驹、涂单（建筑）；祝骏、金鑫、邓皓、张思思、邱丽珉、胡晋玮、周昕怡、张宁、王丽婕（室内）；李上阳、金剑波、池晓媚、苏陈娟（景观）

摄影： 章鱼见筑、line+ 建筑事务所、潘杰、金啸文

业主： 鲁商朴宿（泰安）文化旅游发展有限公司

村落鸟瞰图

互联网时代，在功能性、美观性、经济性之外，建筑的媒介性也是一股不可忽视的力量，因此在东西门村活化更新项目中，我们尝试跳出传统建筑设计范畴，与特定社会语境和政策相结合，整合上下游资源，架构一套从策划设计到建设、运营、传播的项目运作流程，摸索一种以设计为引擎的创新开发模式，让建筑师成为各个领域间的枢纽和链接，从而实现从“赋形者”到“赋能者”的角色转变。

——孟凡浩

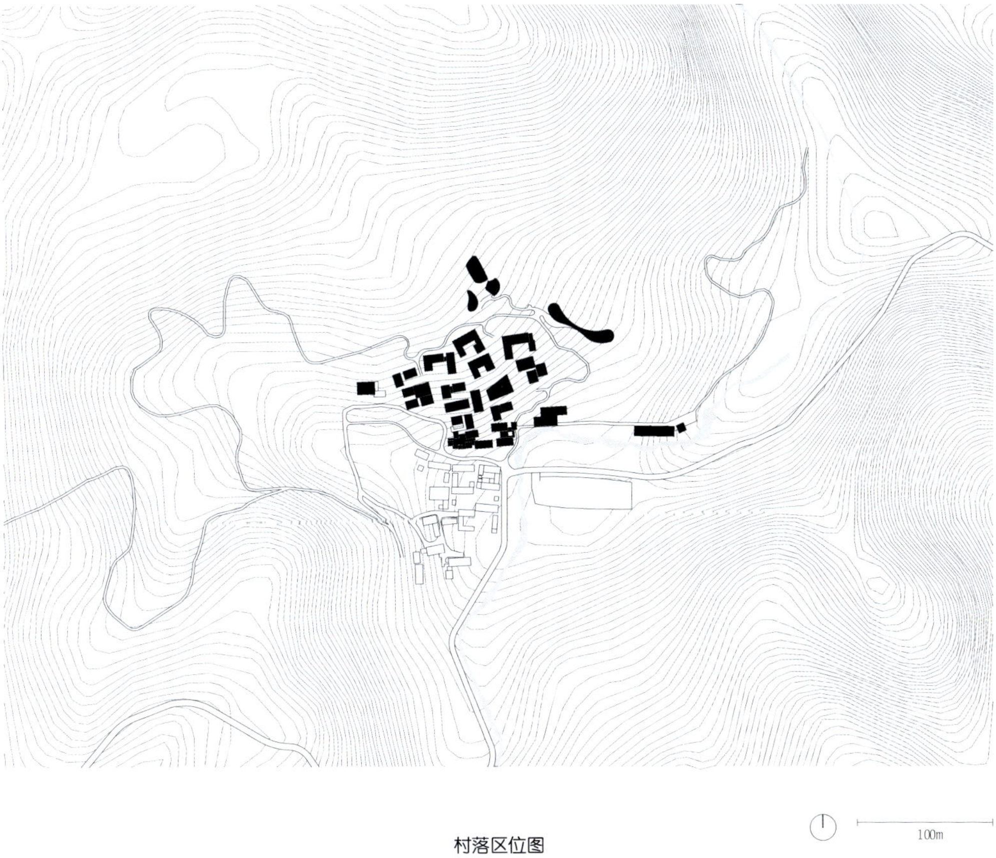

村落区位图

泰山坐落在山东省中部，为中国五岳之首。“凭崖揽八极，目尽长空闲。”在李白的诗句中，泰山吐纳世间之气，极尽万物美景。隶属于泰安市的东西门村位于泰山余脉九女峰脚下，毗邻神龙大峡谷，四面环山，有着俯瞰峡谷沟堑、远望山峦诸峰的广阔视野。自然的壮阔景象却也成为乡村发展的天然屏障。近年来，因交通闭塞、土地贫瘠等问题，东西门村逐渐沦为省级贫困村。村子里的年轻人大多被迫背井离乡，只留有老人驻守，空心化日趋严重。事实上，在泰安九女峰片区，类似情况的村落还有十几个，而东西门村则是其中位置最为偏僻、发展挑战最大的。

改造前的村落原貌

改造后的全景鸟瞰

上位乡村规划以文旅为切入点，将九女峰十九个村整体打造成集田园文旅、康养度假、高效农业、研学游学于一体的乡村生态旅游度假区。其中，东西门村的改造后业态被定位为高端度假民宿，但由于并没有太多增量用地指标，因此设计范围被限制在现有的宅基地内。场地为典型的坡地村落，植被茂密，一条小河穿过其间，登至村落山顶，可遥望泰山，尽揽壮阔景色。项目启动之初，地块内已经没有村民居住，只留下十二组石屋，以及一些残破的石头墙壁和少量曾被作为猪圈使用的生产用房。有的为近期新建，有的已有多年的历史。

一层平面图

设计首先面对多重挑战——如何将存量宅基地及集体建设用地有效利用？如何为贫困村引流，产生经济效益，使其可持续发展？设计师们提出双线并行的设计策略，一是做针灸式的改造，在保持宅基地边界不变的情况下，以存量建筑的空间激活和原有环境的生态修复为切入点，从而实现旧村落的新生；二是通过建立公共空间来激发可以引流的媒体效应。设计师们将场地内现有宅基地改造更新为度假酒店，利用少量的集体建设用地指标打造一组具备媒体引流效应的公共建筑，兼顾酒店的公共配套。

空间焕新：酒店接待中心和咖啡厅、餐厅

在原有平面上，一条东西走向的溪流贴着盘山公路蜿蜒进村，村子里的毛石房也就此散落在起伏的山地中。经实地勘测和调研分析后，一方面设计师们延续原有村落的生长肌理，将道路、停车场、公共空间等进行重新规划；另一方面将位于流线端头的猪圈和毛石房改造焕新，逐一植入新的建筑功能——接待中心和咖啡厅、餐厅。

餐厅

入口处基地原貌

改造后的入口处

餐厅基地原貌

改造后的餐厅

咖啡厅基地原貌

改造后的咖啡厅

已被弃用的猪圈与规划中的停车场仅一溪之隔，周围是高密度的树木植株，在交通和环境上都占有较优的资源。在原有猪圈用地的基础上，现代轻钢结构的置入使得空间重获新生。大尺度的坡屋顶下通透的空间界面，强调在自然环境中建筑体量的消隐性和室内外空间的流动性。烧杉木的木瓦优雅地在屋顶铺陈开来，用环保生态的天然材料回应周边独特的茂密植被。

咖啡厅基地——猪圈旧貌

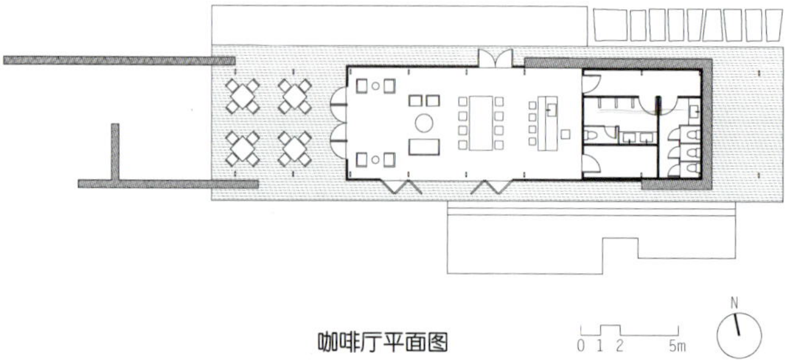

咖啡厅平面图

咖啡厅 1

咖啡厅 2

餐厅

两栋处于中部的民居背靠山体，视野开阔，以同样的装配式轻钢结构被改造为餐厅。毛石墙和玻璃幕墙分别面对不同的方向，既消隐于山色中，也为访客提供沉浸式的用餐体验。经改造后，新建筑与原地形上的大树依然和谐共处。

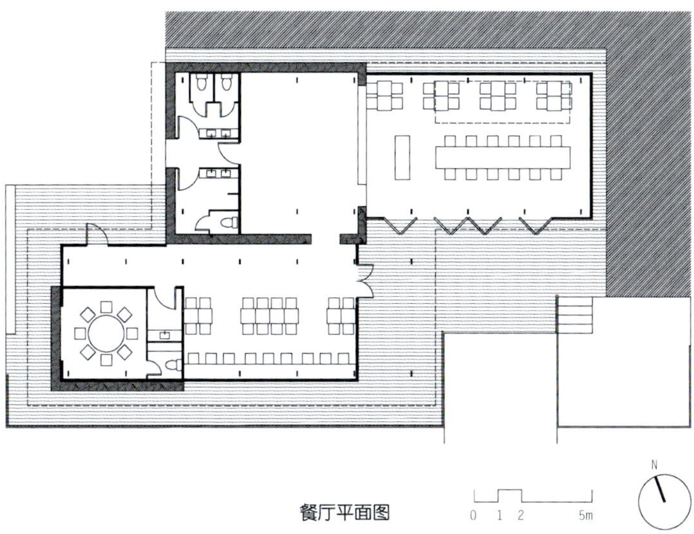

餐厅平面图

十二个宅基地的新生：山窖酒店

东西门村旧建筑所遗留的传统石墙，来自村内石头匠人娴熟的手工技艺，而设计的首要问题，便是如何处理这些石墙。毛石墙不仅是乡村风貌的重要特征，同时也是乡村肌理最重要的痕迹，因此项目的设计深化及材料运用均围绕石墙展开。设计师们仔细地测绘了现场留存的石屋和石墙，选择质量比较好的部分进行标注和保留。由于质量问题无法保留的石墙，也将石头堆放保存，再按照原来的位置重建。设计师们将这些旧的石墙视为“锚固”新建筑的重要依据。这样，新与旧自然而然地有了一种延续与传承。

八号院子

户型分析图（注：红色墙体为旧建筑所遗留的传统石墙）

保留的毛石墙

石构建筑的特点是墙体厚重、保温性能好，但也有材料浪费、防水性能较差、抗震效果不佳的缺点，因此设计师并没有完全按照旧的石屋做法进行设计，而是将原来毛石墙体的承重作用去除，转化为围护结构。这样，原来承重的石墙获得了形式上的自由，得以充分展示材质本身。毛石墙的内侧增加了砌块墙体，砌块墙体与毛石之间依次加入保温层、防水层、保护层，以提高新建筑的热工性能，保证新建筑满足现代的使用要求。

八号院子

1
- 石板瓦屋面
- 木挂瓦条 30×30
- 1.5 厚配高密度聚乙烯膜自粘橡胶化沥青防水卷材（自愈型）两道
- 木顺水条 30×30
- 8 厚砂浆硬化层
- 轻钢龙骨 + 聚苯颗粒加气混凝土填实
- 20 厚木望板
- 钢木檩条

2
- 木格栅 30×70，中心间距 120
- Low-E 玻璃高窗

3
- 木饰面板
- 200 厚加气混凝土砌块
- 20 厚防水砂浆
- 80 厚聚苯板保温层砌筑毛石

标准墙身大样 1

新的建筑以钢框架的形式植入旧的毛石墙中。仔细考虑了现场的施工条件后，设计师们选择了建材市场上最常见的工字钢作为主要建材。梁和柱均采用 200mm×200mm 的工字钢，檩条则采用 100mm×148mm 的工字钢，便于现场采购及加工。同时还仔细设计了框架的组合和材料的交接，主体框架采用刚接，檩条与主体框架采用搭接。

八号院子

这种框架体系可以根据不同的宅基地，灵活地采用 I 型、L 型、U 型等布局，有效应对了复杂的宅基地和场地特征。小尺度的框架成了廊，大尺度的框架便成了房间。这种由原型框架生成单体，再生长为整体的方式，与传统聚落的构成方式完全一致。

这种框架体系在施工过程中也取得了非常好的效果，清晰简单的结构不仅节约了造价，同时也让施工人员能够准确理解设计者的意图，将现场施工犯错的空间控制到最小。

1
- 石板瓦屋面
- 木挂瓦条 30×30
- 1.5 厚配高密度聚乙烯膜自粘橡胶化沥青防水卷材（自愈型）两道
- 木顺水条 30×30
- 8 厚砂浆硬化层
- 轻钢龙骨 + 聚苯颗粒加气混凝土填实
- 20 厚木望板
- 钢木檩条

2
- 木格栅 30×70，中心间距 120
- Low-E 玻璃高窗

3
- 工字钢氟碳漆表面嵌装饰木条

4
- 10 厚钢板包边

5
- Low-E 中空玻璃窗

标准墙身大样 2

改造前航拍图

一、二、四号院：现存建筑为石屋。设计保留了部分毛石墙体，梳理了建筑和场地的关系。一号院的建筑围绕原有的树木形成内庭院，二号院和四号院则形成 L 型的围合院落。

一号院

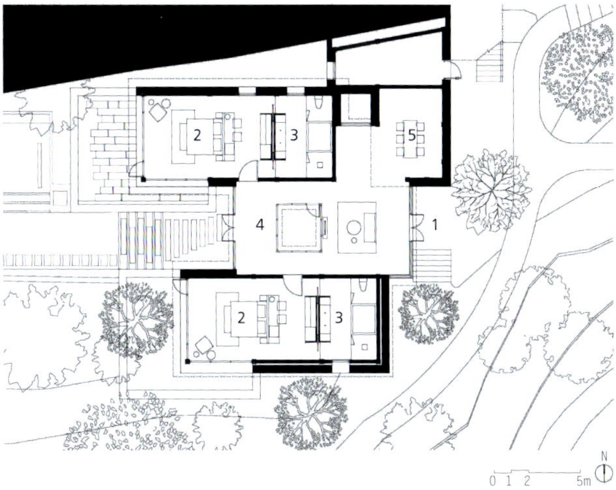

1. 入口
2. 卧室
3. 卫浴间
4. 客厅
5. 餐厅

一号院平面图

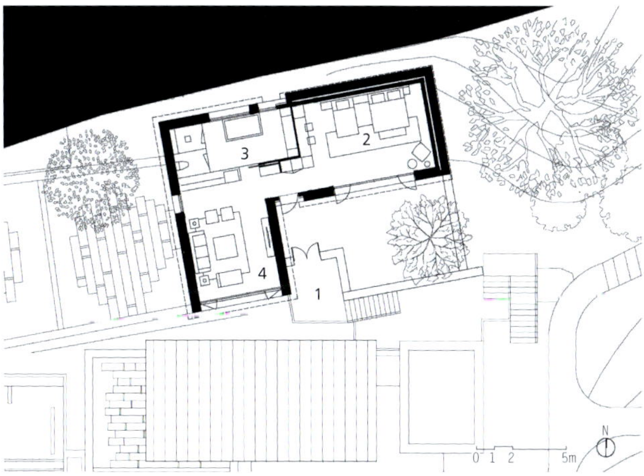

1. 入口
2. 卧室
3. 卫浴间
4. 客厅

二号院平面图

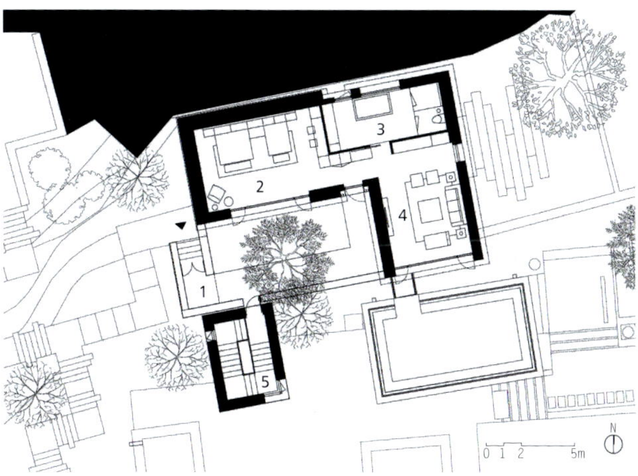

1. 入口
2. 卧室
3. 卫浴间
4. 客厅
5. 楼梯间

四号院平面图

三号院：现存一些体量较小的石屋为过去的仓储生产辅助用房。设计利用现存的毛石体块，在其间植入了玻璃盒体连接，每一个石头体块分别承载卫生间、卧室等功能，玻璃盒体则成为儿童玩乐的游戏共享空间。

三号院改造前

三号院改造后

三号院内部空间 1

三号院内部空间2

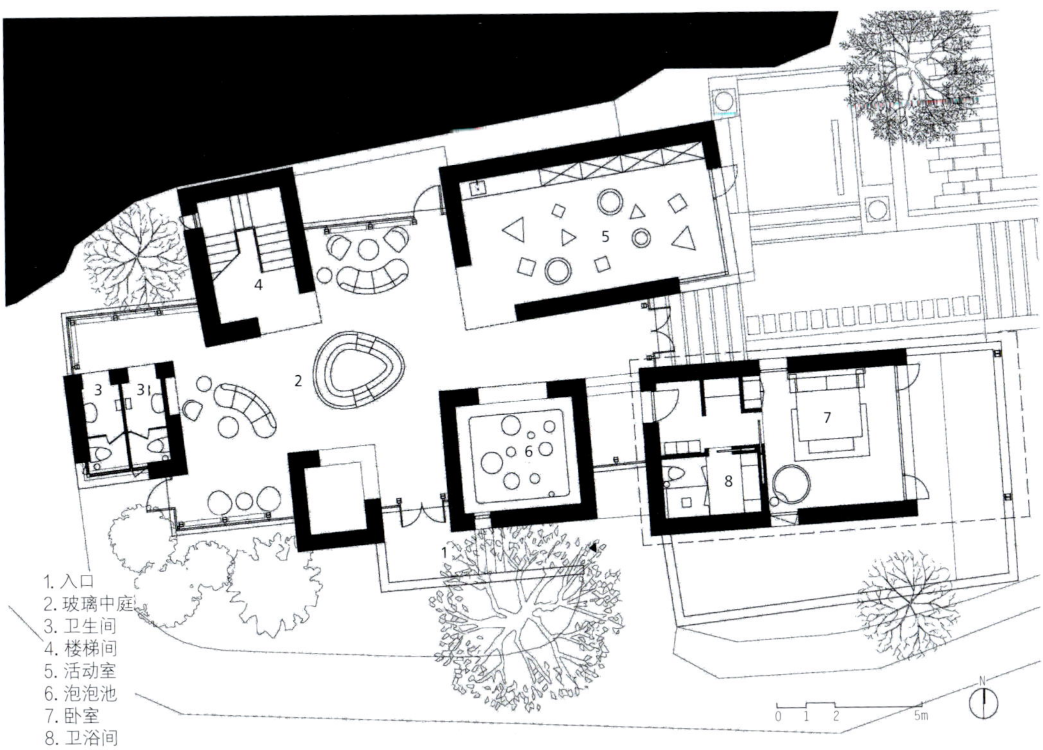

三号院平面图

五号院改造前

五号院改造后

五号院：现存建筑共有两部分，南北平行布置。南边为长条形石屋，但长度过长。设计将旧的体块打断为两部分，西侧保留 I 字型布局形成两间客房，东侧则结合地形置入竖向体块，在底层区域建立服务客房的公共空间，并依据高差走势在内部设置大台阶，形成更为丰富的室内空间层次。

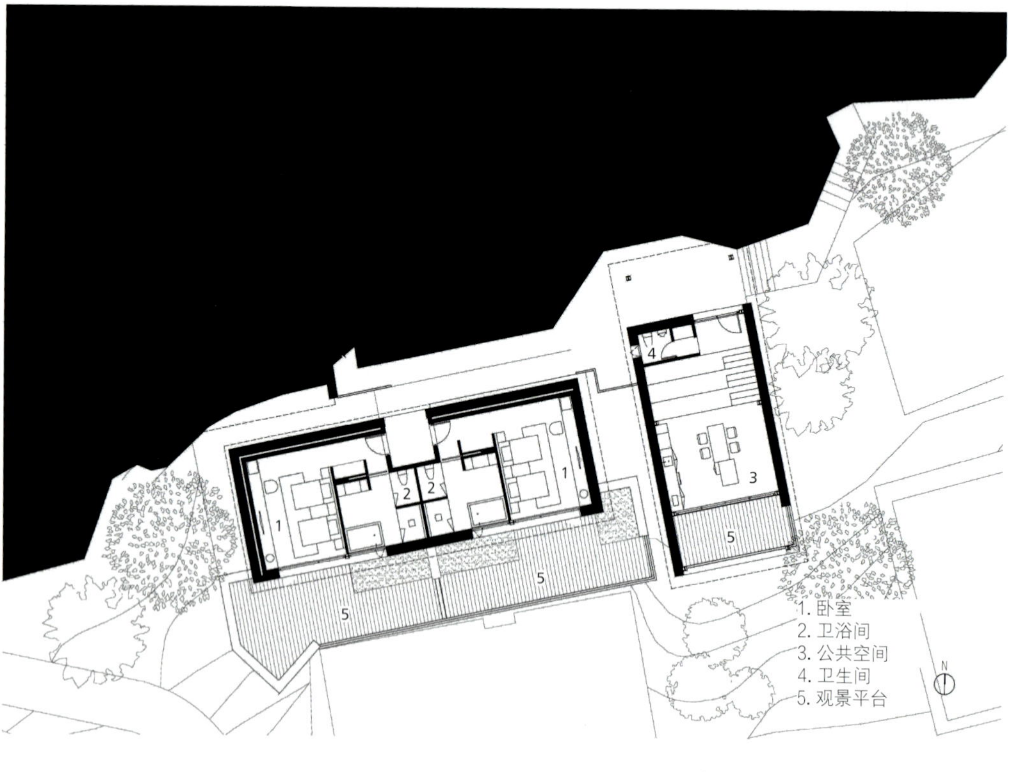

五号院平面图

夜色下的五号院

六号院改造后

六号院：六号院靠近上山的主要道路，由此功能将其定义为会议聚会空间。考虑到功能的差异性，以金属铝板为材料，以“折叠”作为设计概念，形成墙、屋面和栏板的连续性整体，并与化解场地高差的台阶融合，整个建筑表皮呈现出轻薄的折纸效果。

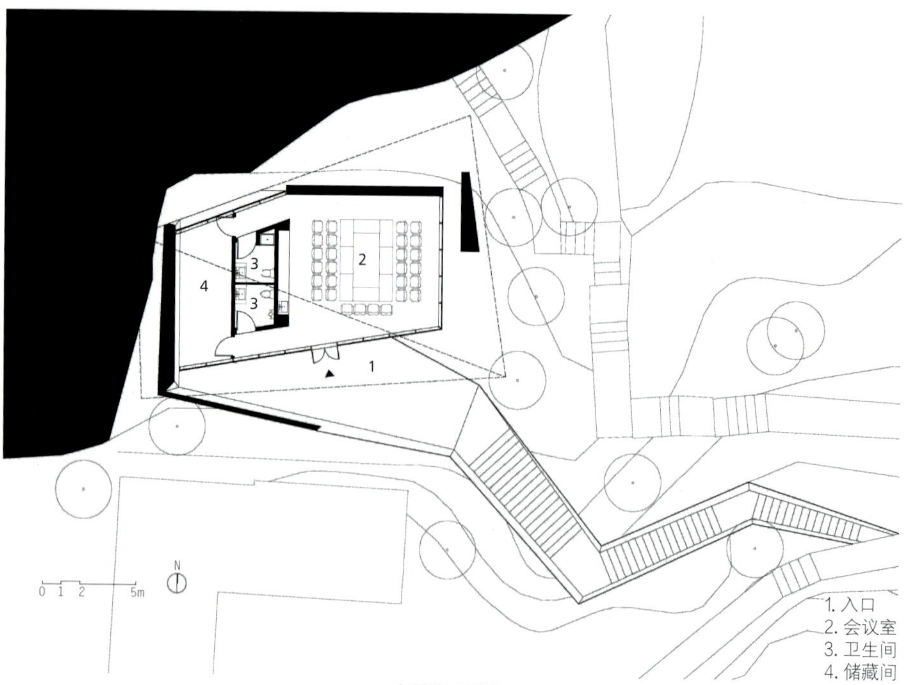

六号院平面图

七、八、九号院：现存建筑均为围合布局的老民居。新建筑顺应旧的建筑肌理及空间形态，三面围合，在原有空间逻辑上增减体量，形成室内外融合、高差变化的院落空间。其中，八号院基地上的古树被完整保留，建筑框架灵活地围绕其四周展开，退让之间形成庇护于树荫下的庭院及功能整合的内部空间。

八号院改造后

七号院内部空间

八号院内部空间

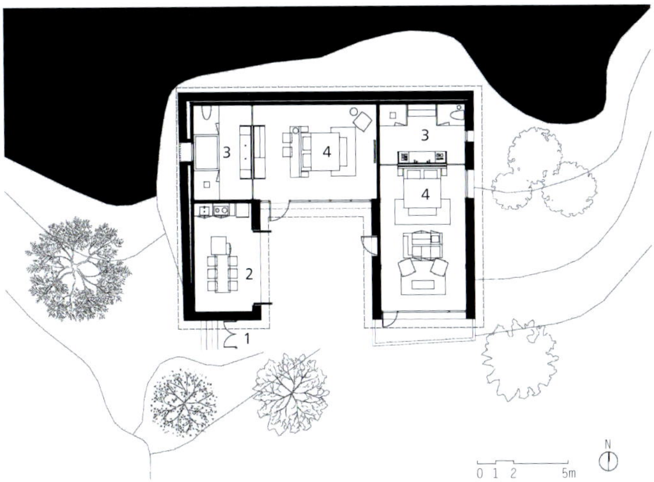

1. 入口
2. 餐厅
3. 卫浴间
4. 卧室

七号院平面图

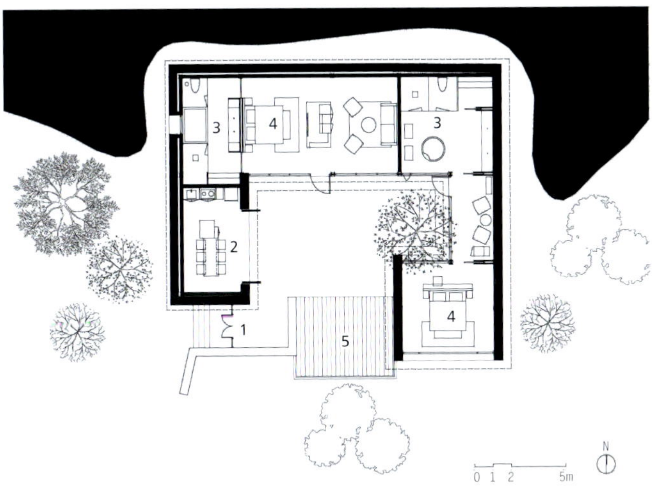

1. 入口
2. 餐厅
3. 卫浴间
4. 卧室
5. 观景平台

八号院平面图

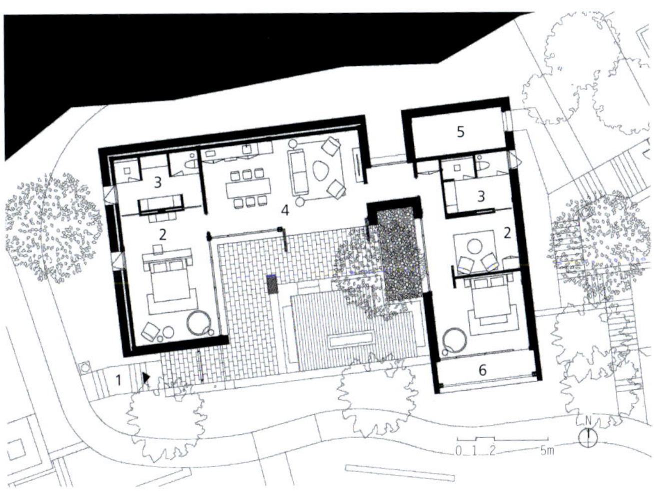

1. 入口
2. 卧室
3. 卫浴间
4. 客厅
5. 布草间
6. 阳台

九号院平面图

十号院：现存建筑为 L 型布局，设计顺应原空间格局，采用与五号院类似的 L 型围合庭院。沿地势创造拾级而上的入口，以及高于坡面的室外平台，与远山形成呼应。

十一号院：原建筑呈南北两条布局，前后有三米的高差。设计保留了原有的空间布局，调解了前后建筑的视线高差，而局部屋顶的放大也提供了新的公共空间及屋顶平台。

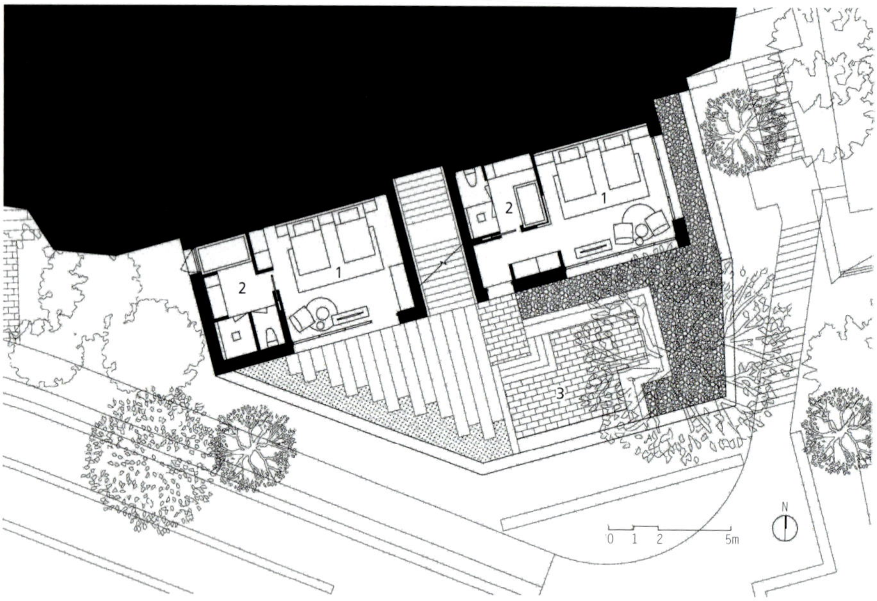

1. 卧室
2. 卫浴间
3. 庭院

十一号院二层平面图

十一号院

十二号院：十二号院位于整个场地的最西侧，考虑其相对独立的地理位置，设计将其定位为独栋客房。现存建筑的旧民居已破败不堪。新建筑保留了老建筑的毛石墙，植入二层的钢结构双坡屋顶体块，并简化坡屋面做法，采用平板水泥瓦。建筑通过轻盈的玻璃界面与粗糙的毛石墙形成对比。

十二号院

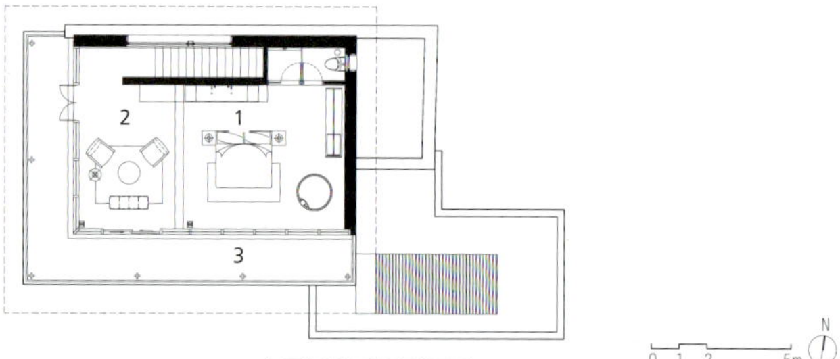

1. 卧室
2. 起居室
3. 阳台

十二号院二层平面图

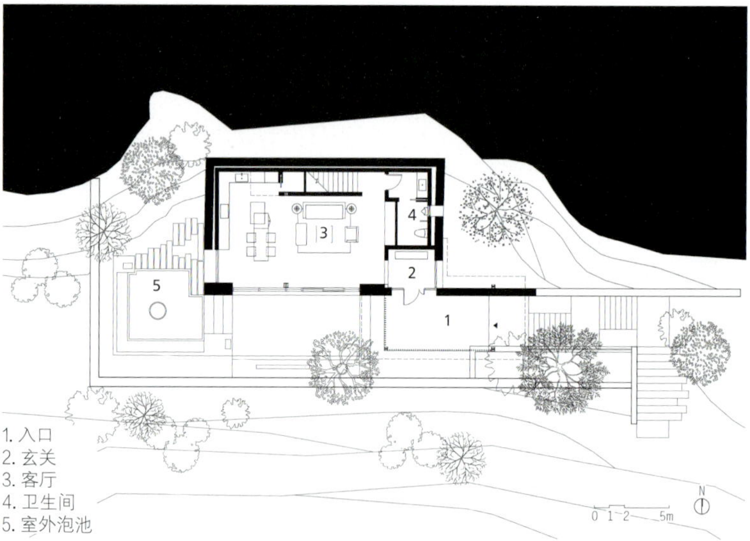

1. 入口
2. 玄关
3. 客厅
4. 卫生间
5. 室外泡池

十二号院一层平面图

有别于其他院子锚固于大地的稳重之势，十二号院以轻盈的姿态在二层悬挑出了大面积的 L 型转角灰空间，与自然环境中的原始树木相融合。

室内设计将客房的必备功能均整合成体块，作为分隔空间的置入物，保证整体空间的流动性，并丰富了空间的层次感。素色的混凝土肌理和纯粹的几何形体，温润的木质家具和野趣的自然山景，静谧舒适而惬意。

十二号院内部空间

贯穿在院落及其他新建筑之间的，则是迂回的步道与景观体验。设计师们试图将丰富多变的自然环境纳入动线设计中，通过身体的移动来强化对于场地所处聚落与环境的感知。从外部进入，沿着木板桥和石板台阶，穿过散落在地的树林，经历爬坡、仰望、转折，最后登高，一睹北方山景，形成了从收到放、先抑后扬的叙事体验。

大量充满旧村落痕迹的石材被重新用于石板路、台阶、矮墙，继续记载新村落的生长。植物的选择是在原生植物的基础上，通过补种沙朴、石楠、狼尾草等植物，共同构成了林相完整性和植物多样性。

十二号院内部空间

轻如浮云：九女峰书房

作为触发媒体引流效应的一组建筑，九女峰书房和泡池位于山坳的制高点，东临群山，背靠村落，驱车盘旋而上时便隐约可见。在北方多岩石裸露的厚重山峦之上，设计一处极具反差的“留白”成为设计师们最初的设想。

书房和泡池鸟瞰

狭长的过道连通两端的咖啡区和阅读休息区

书房建筑形体自上而下分为三部分：白色的“云体”、通透的玻璃以及厚重的毛石墙面基座。北侧直面峡谷山峰的通透界面，入口狭长的过道连通两端的咖啡区和阅读休息区，收放间模糊了建筑与自然环境的边界，给访客与读者置身山林之巅的感受。

通透的窗景

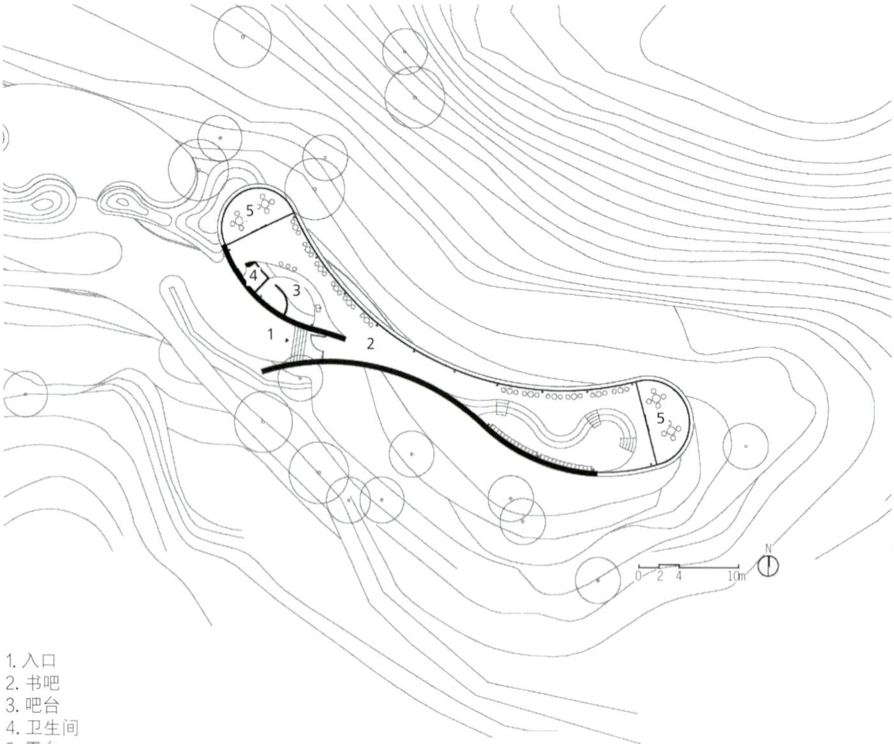

1. 入口
2. 书吧
3. 吧台
4. 卫生间
5. 露台

书房平面图

书房鸟瞰

材料与构造的准确运用对于设计理念的形式表达同样重要。对于“云朵”这一概念的塑造，设计师们希望突出这样几个关键词：漂浮、轻盈、通透。在“云朵”轻柔的直觉认知与北方质朴硬朗的山野环境所产生的自然冲突中，给予人们轻松愉悦的直觉观感。因此，主体建筑选用了轻钢与膜结构体系，使设计得以依山就势，勾勒出轻盈的造型。

漂浮、轻盈、通透的体量

阳台远眺

通透的窗景

弧形内膜整片均匀泛光

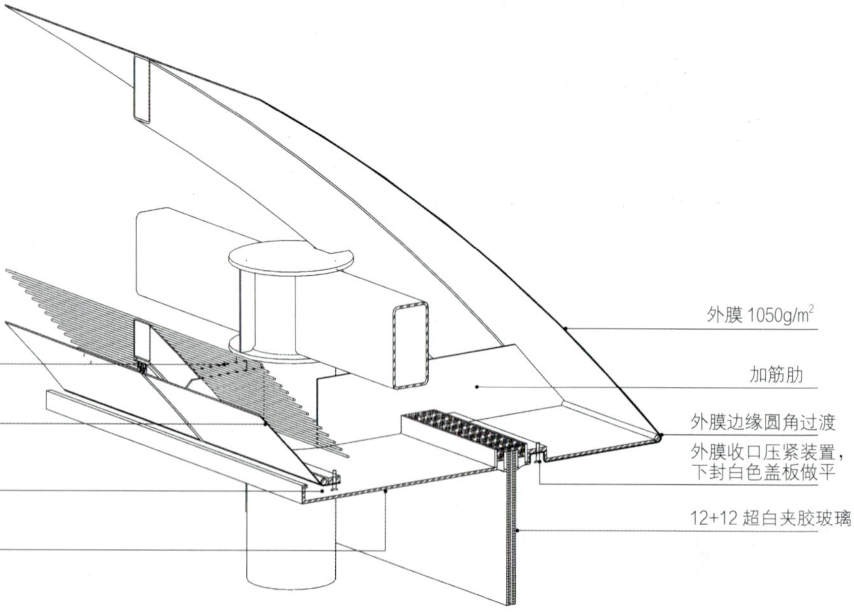

膜结构节点详图

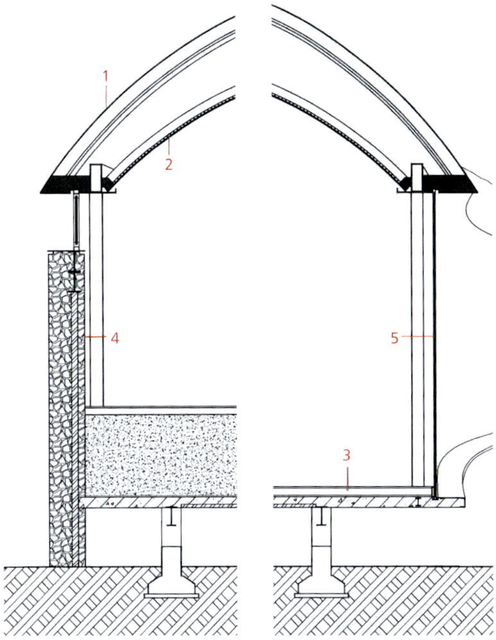

1
- 外侧膜面
  1050g/m²
- 外龙骨
  80X80X2.5
- 方管框架
  保温棉封装
- 钢丝网拉结成面
- 锡箔纸垫底

2
- 内龙骨
80X80X2.5
方管框架
-LED 灯带
白色磨砂灯箱膜
银色灯箱膜压条

3
- 60 厚现浇水磨石
  地面
- 40 厚地暖层
- 30 厚绝热保温层
- 防水层
- 20 厚水泥砂浆找
  平层
- 钢混结构层

4
- 当地毛石砌筑
  钢柱拉结
- 30 厚保温层
- 半砖墙
- 找平层
- 白色肌理漆

5
- 12+12 弧面超白
  夹胶玻璃
- D100 钢柱白色
  氟碳喷涂

书房剖面图

书房室内空间

装配式轻钢建造体系既满足建筑的形体需求，也能够在山地环境中快速精准地施工。直径 150mm 的细钢柱支撑弧形圈梁，圈梁上搭建双层 28 对拱形龙骨，这一序列尺寸渐变且排列密集的弧形龙骨，为内外双层膜的流畅张拉提供支持。

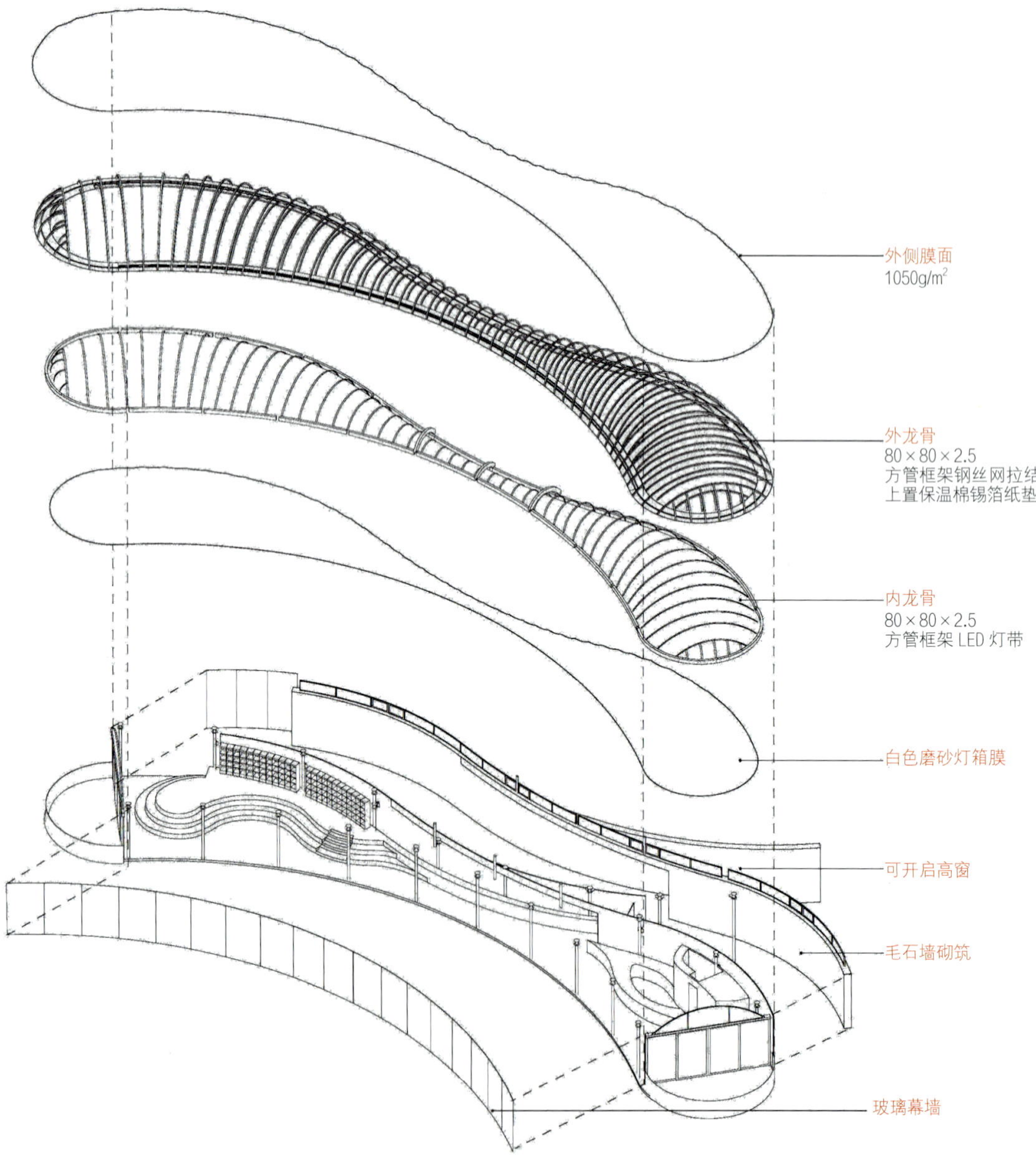

书房结构爆炸分析图

巨大的弧形玻璃将内外空间自然连接

曲线廊道自然过渡动静分区

云海遗贝：九女峰泡池

如果说书房如同“云朵”，那么泡池则如散落在山腰间的贝壳一般，回应漫山林杪与壮阔景象。行至村口，穿越依山势错落的客房，沿山间原石砌筑而成的小路拾级而上，纯白色的泡池便显现于山林植被之中。

九女峰泡池分为更衣、“海浴”、健身三个区域，形成三处体块。西侧为半室外的海浴，为确保泡池的流动与通透，无柱、无遮挡的纯净空间至关重要——由地面而起的纯白屋面造型舒张，朝深山方向悬挑出 10m 的距离，顺势将泡池空间庇护其下，营造其“生长”姿态的同时也可令身处泡池休憩的访客可最大化地直面自然景观。东侧为室内部分，以较为内敛的小巧弧形，容纳了接待、更衣、沐浴、小型桑拿房等功能。

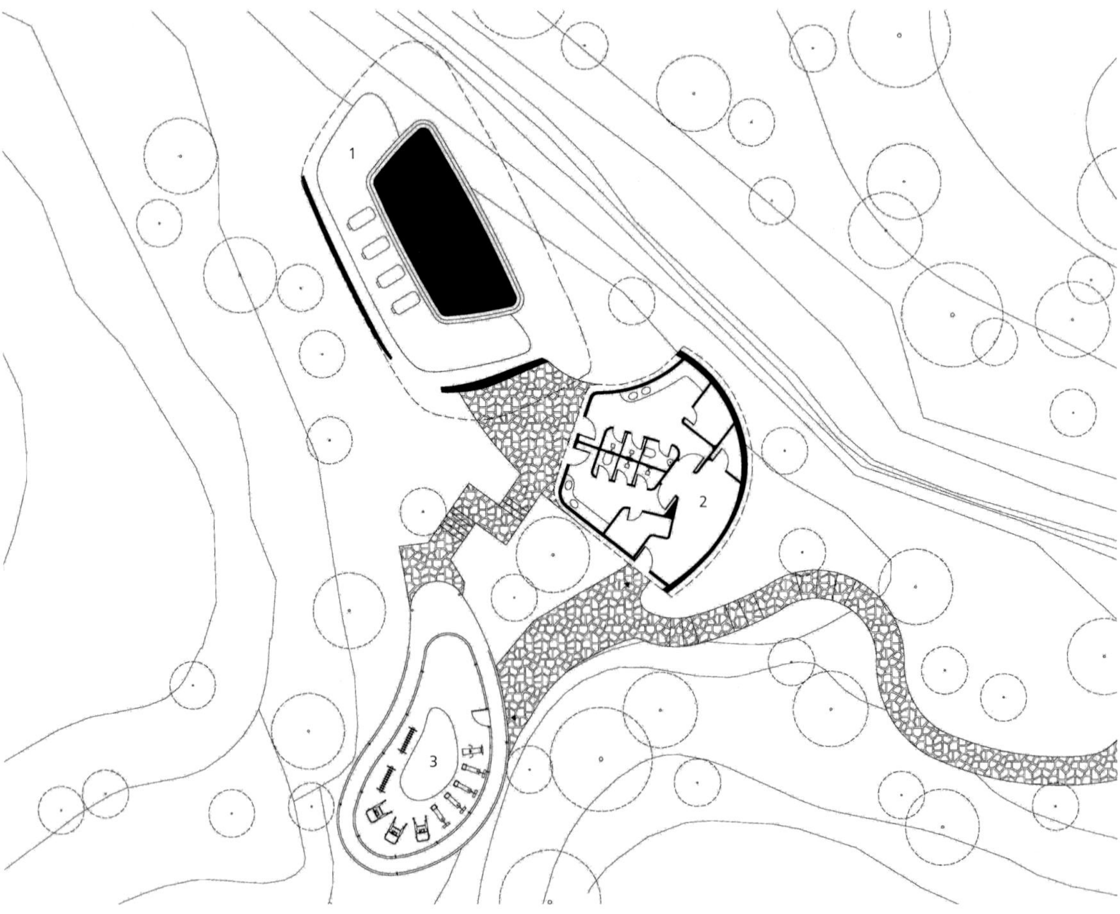

1. 半室外“海浴”空间
2. 接待、更衣、沐浴、小型桑拿房等配套空间
3. 健身房

泡池平面图

半室外的“海浴”空间回应曼妙的山林美景

1
- 不锈钢白色氟碳喷涂

2
- 方管框架
- 250×250×16

3
- 工字钢
- 148×100×6×9

4
- 斜撑 PD89×4

5
- 山东白麻碾碎料石
- 不锈钢排水篦子

6
- 水面

7
- 泳池底面
- 30 厚现浇水磨石聚氨酯防水层
- 10 厚 1 : 2.5 聚合物水泥砂浆
- 200 厚 P6 抗渗 C30 钢筋混凝土
- 150 厚 C15 混凝土
- 100 厚碎石垫层
- 素土夯实

8
- 地面
- 50 厚灰色预制水磨石
- 水磨石专用龙骨
- 150 厚 C25 钢筋混凝土
- 150 厚 C15 混凝土
- 100 厚碎石垫层
- 素土夯实

9
- 120 厚砖胎模

10
- 钢结构基础 + 预埋件

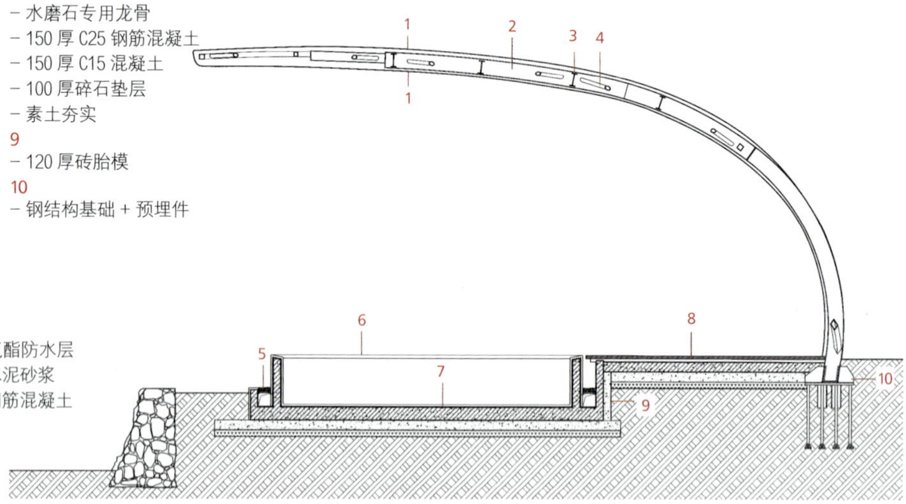

泡池剖面图

泡池的建造考虑了空间的纯粹与极简，平衡了建筑与景观、室内的关系，构造与材料做到尽可能简化。工厂预制的曲面钢龙骨大跨度悬挑作为建筑主体框架，外覆保温层，加盖高可塑性、韧性和机械强度的不锈钢表皮，经过高精准的曲面拼缝与细致的打磨，形成自由流畅的建筑形体。

内敛小巧的弧形建筑

半室外的“海浴”空间

1. 方管框架 250×250×16
2. 工字钢 148×100×6×9
3. 斜撑 PD89×4
4. 钢结构基础 + 预埋件

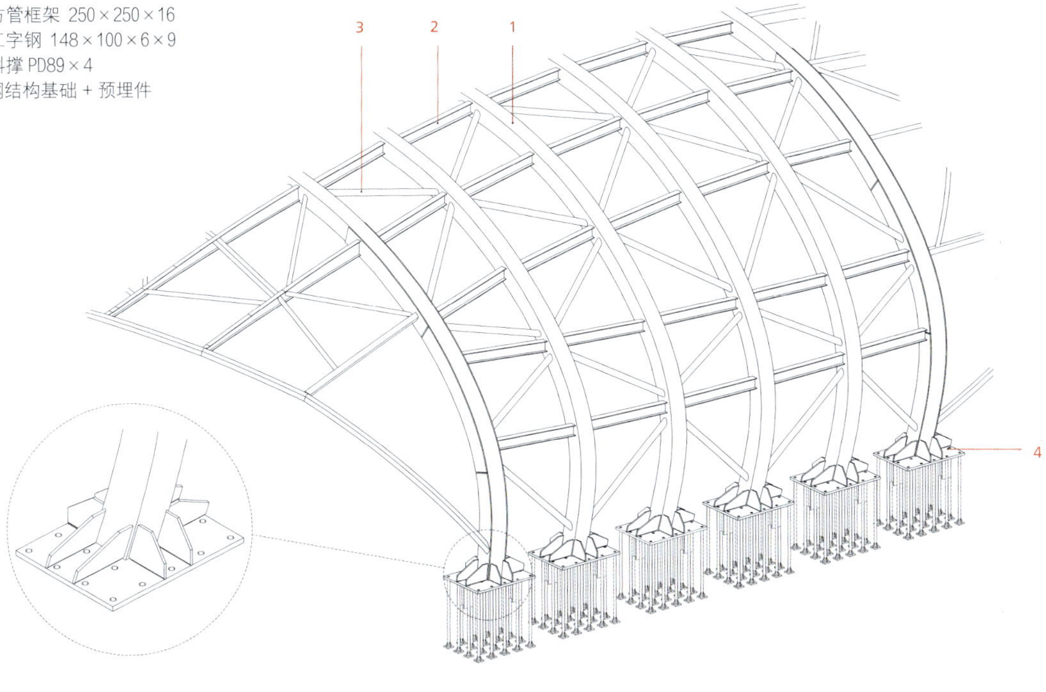

局部结构分析图

弧形建筑包含配套的室内功能

白色贝壳形态的建筑外观

玻璃墙面虚化空间

健身房

村落重生，赋新价值

2020 年 10 月，项目整体开放，开业单月营业额超 100 万元。现象级网红书房文脉 · 九女峰书房单日最高营业额超 7 万元。自 2020 年以来，九女峰项目不仅接待来自全国各省市的考察团参观考察，还承办婚礼、团建、商务拍摄等活动。被誉为“山东省乡村振兴齐鲁样板三种典型模式”之一，并被收录于第二批全国乡村旅游重点村名单。

曾经的省级贫困村——东西门村如今已民宿林立，游客云集，村民纷纷返村上班，带动了周边乡村经济发展，正在迈向共同富裕，实现了“农房变客房，农民变股民，农村变景区”的转变。

东西门村的活化更新，是一个根源复杂，集社会、资源、环境问题的多维度过程。从前期策划和规划，新空间的生成，到后期的产业导入和运营，本项目是典型的国有资本与当地政府合作，并在建筑设计的主导和组织下，与特定的社会语境和政策执行相结合，以设计推动乡村振兴的模式创新，为乡村赋能。

餐厅

北沟村改造

▲ 乡村夜景

北沟村位于北京市怀柔区渤海镇东北部，慕田峪长城脚下，地处半山区，被评为2010年度“北京最美的乡村”。2019年，北沟村入选第一批全国乡村旅游重点村名单。

然而改造前的北沟村却寂静冷清，平淡无奇。为了摆脱贫困和落后，北沟村于2007年和2015年两次实施了实现花园农村梦想的行动。如今的北沟村已成为“国际艺术乡村”，吸引众多游客前往。

打造北沟村的环境从改变村民的思维意识开始，在乡村生活环境改善的同时，使城市与乡村两种不同的生活模式以一种寄托、依存的关系，相互融合成为一种新的社会框架。

北沟村的建筑与自然环境

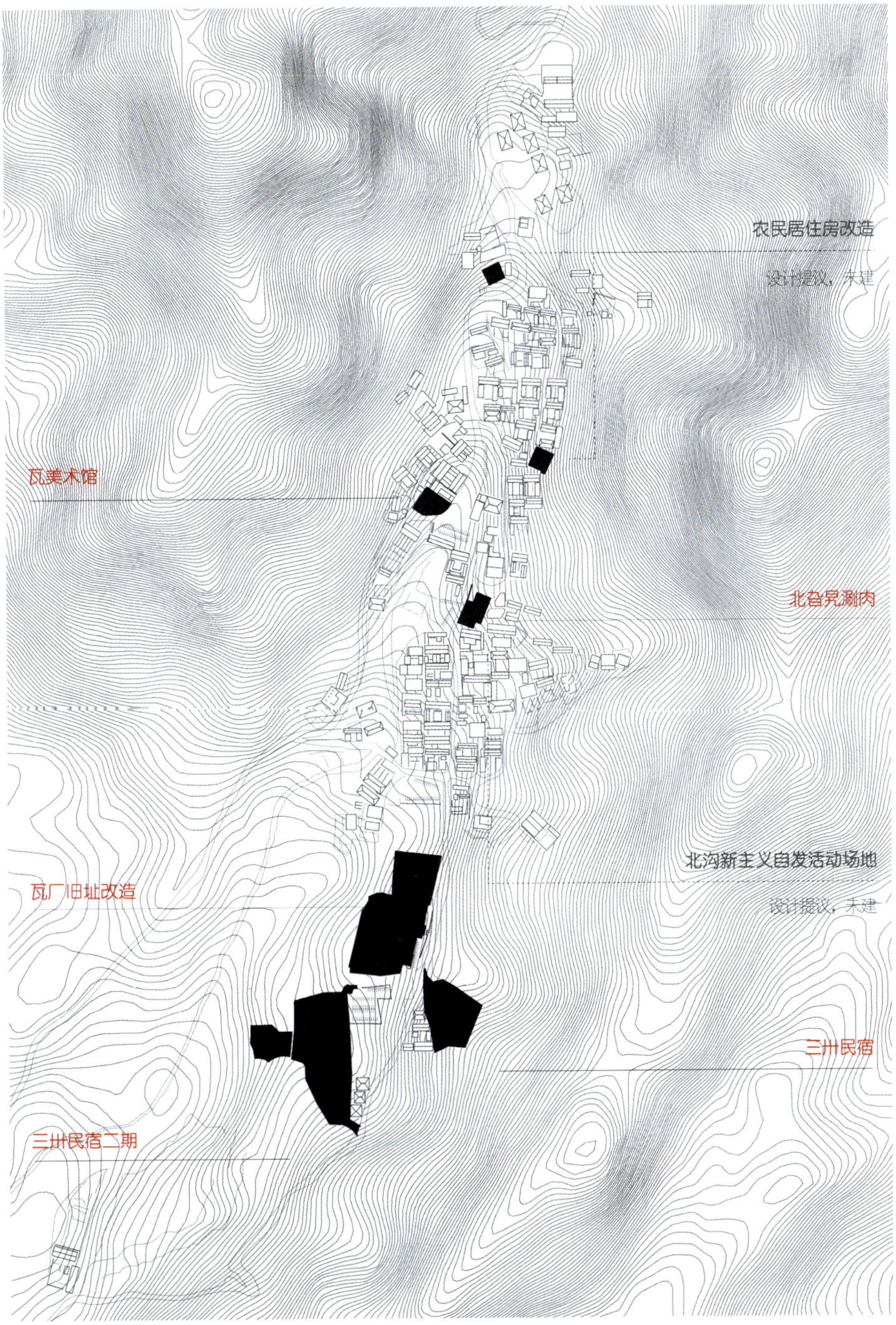

农民居住房改造
设计提议，未建
瓦美术馆
北旮旯涮肉
瓦厂旧址改造
北沟新主义自发活动场地
设计提议，未建
三卅民宿
三卅民宿二期

总平面图

2007 年，第一次环境改造开始以家庭为单位进行，效果并不显著，但也是一个良好的开端，并已经开始吸引外界的目光。2008 年，废弃的琉璃瓦厂被改造成了酒店，并促使开放合作的态度在环境改造的过程中蔓延生长。2009 年，贰零四玖投资集团来到了北沟村，也开始了对村子一点一滴的扶持和改造。从村民的生活开始进行帮助，与村民沟通并在村民的闲置房与生活模式上进行整合的尝试。

于是，第二次环境改造也在这个过程之中渐渐开始，llLab.l 叙向建筑设计有幸参与其中，开始了一层层更加深入的改造尝试。北旮旯涮肉乡情驿站（叁舍）是由乡村大棚厨房改造而成的老北京涮肉和乡村会客厅；燃气站空地被勾勒成了三卅村落型民宿，尊重本地材料和建筑语言的建造方法以及现代的生活方式，将城市与北沟乡村的生活自然融合。改造后的瓦厂酒店能够在乡村发展和保护的过程中凸显出北沟村的原本特点和文化，用更加自信的表现形式，体现出琉璃瓦及长城脚下村落的底蕴。瓦美术馆和社戏的建设则充分展现了北沟村的传统文化，并且为村民提供了一处良好的休闲去处。

乡村建筑遗产在设计过程中得到了保留

建筑屋檐与长城远景呼应

社戏展览入口

瓦美术馆的琉璃瓦墙面细部

老北京火锅文化的展示舞台

北台昊涮肉乡情驿站——叁舍

项目地点：北京市怀柔区北沟村

项目面积：400 m²

布局规划：火锅餐厅 / 啤酒花园 / 活动空间及其他

建筑设计：IILab. | 叙向建筑设计

主创设计师：刘涵晓、路易斯·里卡多（Luis Ricardo）

团队成员：密李华、刘成飞、张毅、汤诗溢、黄万

合作公司：上海滴翠园林绿化有限公司

摄影：刘涵晓

业主：贰零四玖投资集团

文化共存定义空间——长城 / 火锅文化

叁舍的设计概念体现在其独特的地理位置、历史背景和建筑风格中。这家餐厅位于北京市怀柔区长城脚下的北沟村，是由一间农民居所的厨房、餐厅重建和改造而成的。其设计不仅体现了老北京的传统火锅文化，而且还展示了乡村与城市生活方式的融合，以及对本地材料和建筑语言的尊重与利用。

叁舍包含 6 类不同的空间功能，能容纳各类活动。这些空间功能在精神上和形式上可以同时相互独立，不相关联。这个项目不仅是对老北京文化的体现，也是对乡村生活和城市美学融合的一种先锋态度。

餐厅西侧原貌

落地窗连接室内外空间

门厅顶棚原貌

传统文化的充实

室外原貌

改造后保留村落低调的民间建筑语言

设计采用了红砖、红墙和本地石材，反映了建筑师对传统材料和当地环境的尊重，体现了可持续设计的理念。与现代设计元素结合，为北旮旯火锅涮肉乡情驿站创造了一个既传统又现代的空间环境，让顾客在享受美食的同时，也能感受到建筑本身所传达的文化和历史价值。

新使旧复苏，灯与光结合

空间的专一突出对原有建筑的尊重

每个镜框刻画不同的文化场景

重叠的镜框带进时间演变的感受

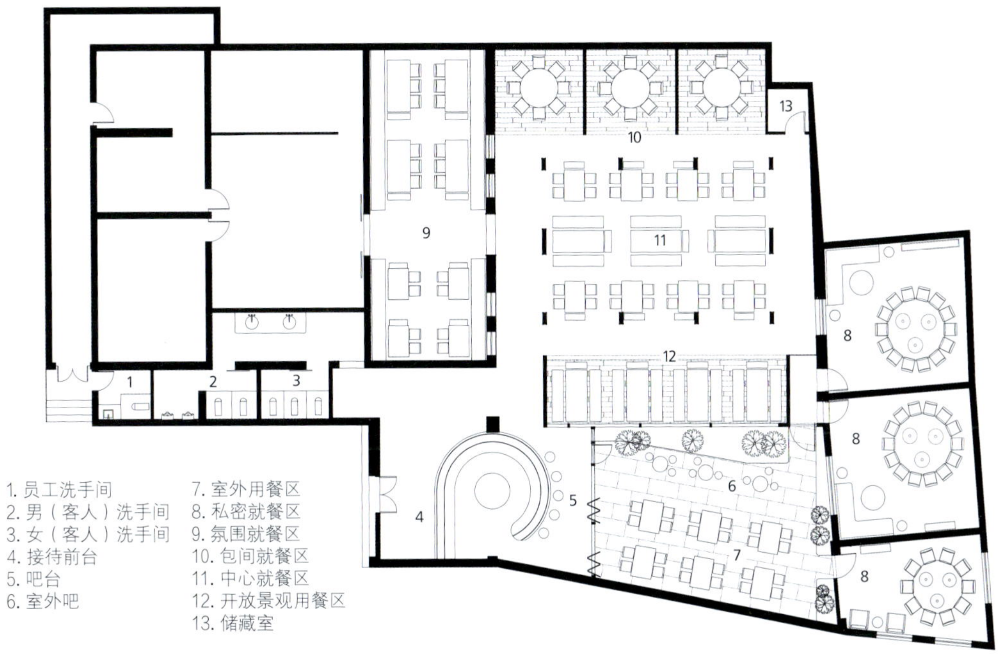

总平面图

新与旧的共存才是文化的成长

叁舍在日常运营中主要以老北京涮肉为主题，同时它也兼具乡村公共活动和接待来宾的重要功能。这种灵活的空间设计使得餐厅不仅能提供传统的餐饮体验，还能作为社区活动的中心，促进乡村文化和社区活动的发展。空间的灵活性体现在其多功能布局上，可以轻松地根据不同活动需求进行调整。例如，餐厅可以在正常营业时间提供涮肉服务，而在特定时间或事件中，可以转变为乡村聚会、文化展示或接待外来访客的场所。这种多功能的特性不仅增加了空间的使用效率，也增强了社区的凝聚力和活力。

建筑空间和自然的结合

强调长城在本地的意义

没有修饰的纯粹空间

新的界面反射出新的空间

展示空间、用餐空间、文化空间

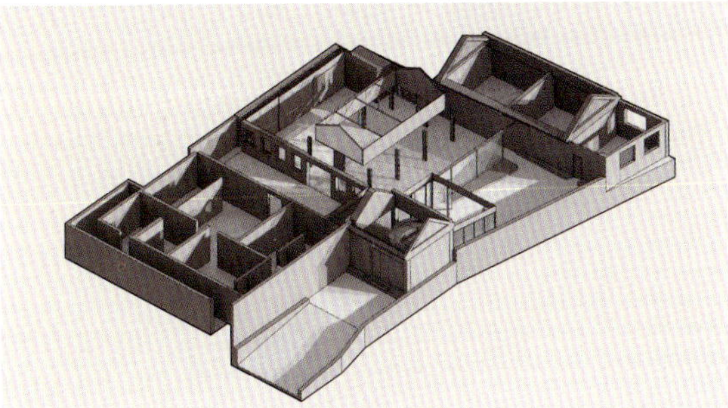

原始空间

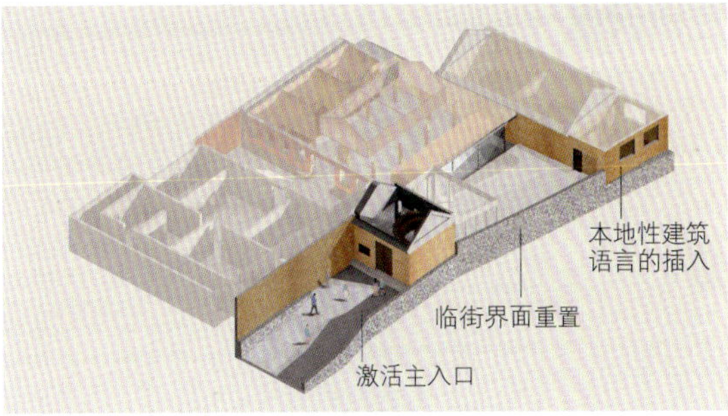

肌理贯穿

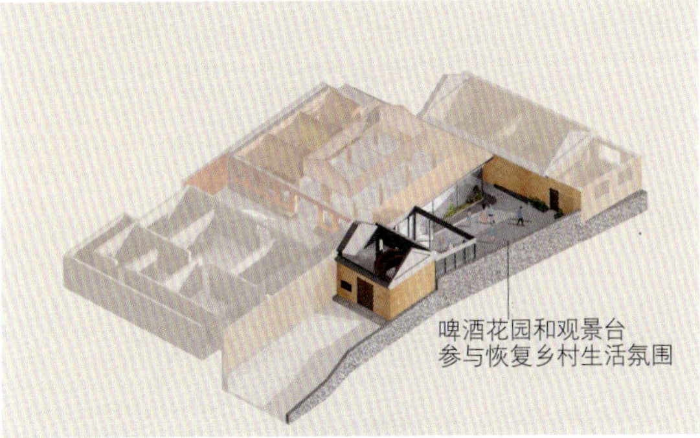

怀旧复苏

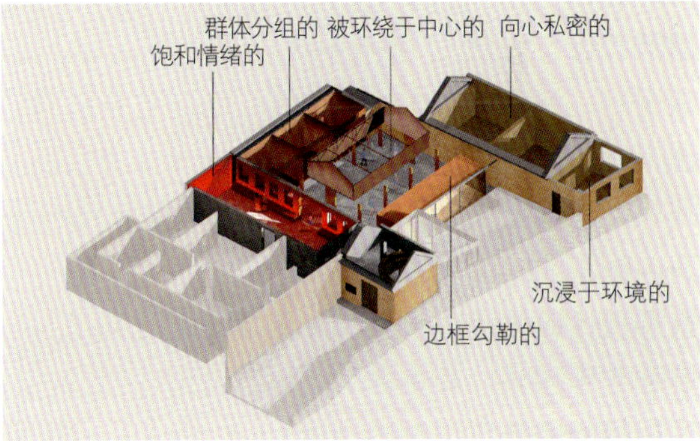

前瞻性发展

空间设计示意

空间是对文化的理解

三卅民宿

项目地点：北京市怀柔区北沟村
地块面积：约 2300 m²
建筑面积：约 1600 m²
建筑设计：IILab.｜叙向建筑设计
建设方：叁舍民宿（北京）文化管理有限公司
建筑施工图团队：中机中电设计研究院有限公司
建筑土建施工团队：王义及他的朋友们
室内施工团队：周国兵及他的朋友们
景观设计深化团队：上海滴翠园林绿化有限公司
景观实施团队：蔡先生及他的朋友们
家具顾问团队：cdc｜brandcreation（奥地利）
服装设计 / 制作团队：carpostudio（葡萄牙）
摄影： Fernando Guerra ︱ FG+SG
业主：贰零四玖投资集团

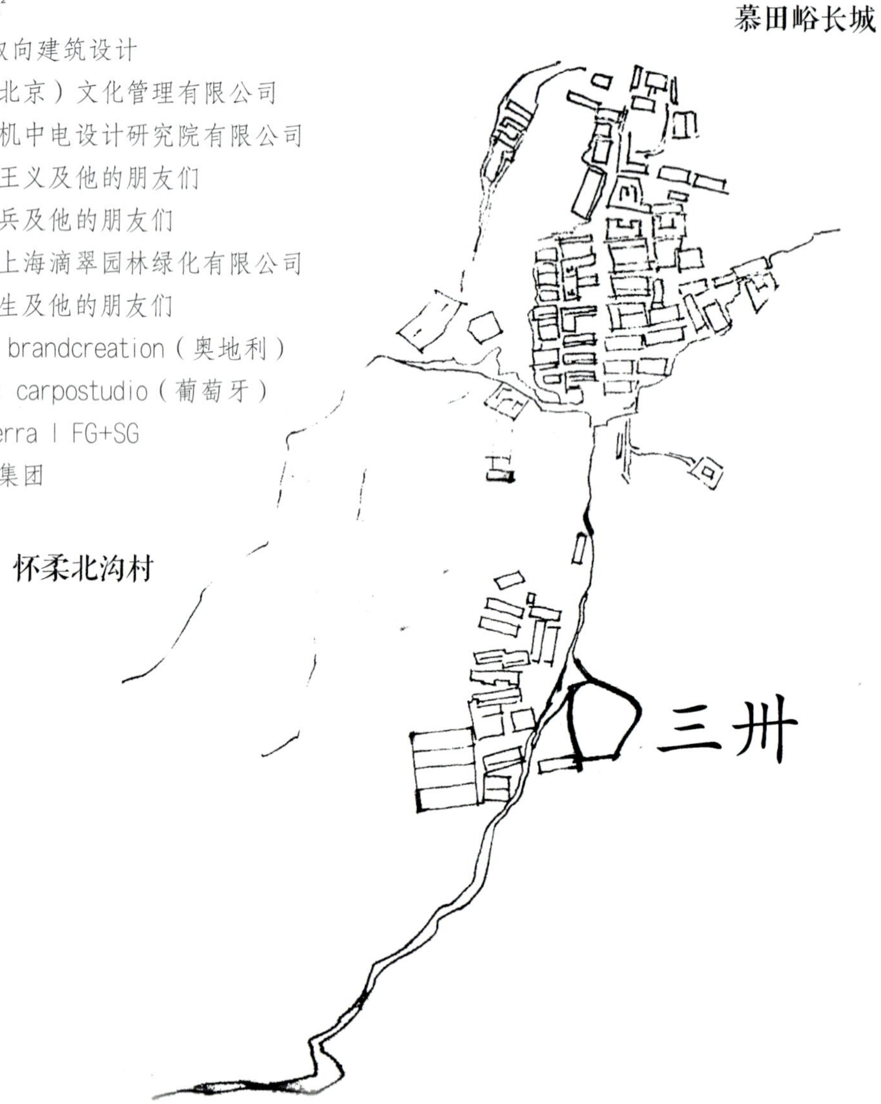

项目所在地区位图

项目建造背景

民宿采用“第三故乡”的设计理念，意指“第三种社会空间”，以帮助人们找寻属于自己的舒适距离及精神氛围。项目便以这样的初衷，在距慕田峪长城步行四十分钟左右的一块面积约为 $2000m^2$ 的原村落燃气站空地上开展。

民宿鸟瞰

项目原本的设想是在这里围一座应有尽有的乡村绿洲，为拜访者提供所谓回忆里已流逝的生活点滴。可这样的温故，对底蕴哪里有半点的尊重。于是，设计团队延续了村庄现有的空间排列肌理，依然是一座建筑，将屋顶按村落格局打碎，创造了更能融入的空间规律与秩序。颠覆了千篇一律的乡村度假村的观念，希望用一种衍生的村中村的概念，给予这片土地应有的生命力。

三卅民宿和村落手绘鸟瞰图

俯视夜景

就这样，村中村的概念便开始经历了长达四年有余的发展过程。设计遵从村落现有的建筑基本元素及体块分区，并在细节上做出简化处理，充分利用当地的材料，了解村民的需求。在这里，岁月和人们的生活经过沉淀，凝结成一串串动人的音符。

三卅民宿和村落手绘立面图

改造前的基地及建筑原貌

南侧的茶室露台

南侧院落的交错

建筑材料的选择与建造过程

设计师们尽可能地就地取材，减少制作和运输的成本。材料不推崇装饰主义，而是以本真的形式展现。风吹日晒的自然风貌使建筑更显底蕴。老石板的景观地面铺装，庭院的渗水红砖，建筑墙根的石砖连接，建筑墙体的红砖、青砖的搭配使用，让几何形态的建筑呈现出了悠闲又安静的感觉。

砖墙小巷

半透砖墙

红砖与青砖的呼应

二楼露台

院落东侧的内部小院

东院的私密露台

西侧深院

整个建造的过程，就是不断尝试、自我追求、自我推翻的成长过程。村里的房子，只有本地村民参与其中，才会有它真正的根，才能真正成为村落生活的一部分。设计充分融合了现代的管理和村民的实践，从建筑的设计、制图、沟通，到制作样品、现场测试、纠错、重新理解、再制作，反反复复地尝试，使整个团队形成了一种共同的价值观。这种自我追求的过程是令设计师体会最深并对建筑设计的实现最有帮助的因素。

此项目的细节，在设计师们看来，一定不如纸笔上展示的那样理想，但理性设计的初衷与主观惰性思维上的捏合所经历的过程，以及通过矛盾、抵触、沟通、学习之后在结果未知情况下的实验性尝试，才是“三卅”最吸引人的细节。

客房外的院子

南院入口

中心户型庭院

三卅东侧的小巷

院落布局的设计与思考

设计首先根据场地特征突破了北方村落坐北朝南的传统朝向，让使用者在此获得新的感受。建筑围合成不同类型的院落空间。同时，利用地面铺装材料的变化，将公共区域与私人院落用隐晦的方式划分。私人院落的地面材料与建筑呼应，强调私密性；公共空间则用不同尺度的铺地形式构成不同层次的串联空间与视线通廊。在整体架构形成的基础上，植物柔化了景观与隐私空间的内外边界，让硬朗的建筑线条在不同的视觉角度变得生活化。

院落布局

主院水景东侧的大堂餐厅

西向东的小巷

东院的交叉口

深色调客房 1

深色调客房 2

浅色调客房

虚实的镜像

瓦厂酒店改造

项目地点： 北京市怀柔区北沟村
场地面积： 5336.27 m²
新建筑面积： 393.54 m²
改造建筑面积： 752.36 m²
项目总建筑面积： 1145.9 m²
建筑设计： IILab. | 叙向建筑设计
项目合伙人： Luis Ricardo、刘涵晓
项目负责人： 刘凌灵、严予隽
项目团队： 陈霏、赵懿慧、Henry D'Ath、Matt Eshleman、尹凌空、魏子煜、Camilo Espitia、朱安琪、俞婕
项目结构顾问： 栾栌构造建筑设计事务所
项目土建： 许文杰、王义等
项目装修： 北京圣和利建筑工程有限公司
摄影： 存在建筑
业主： 贰零四玖投资集团

项目建造背景

位于北京市怀柔区北沟村慕田峪长城脚下的琉璃瓦厂原为北沟村自营的烧制作坊，然而随着时代变化而被废弃。随后被住在附近的热爱建筑学及中国文化的外籍村民改建成为瓦厂酒店。

村落建筑与周围环境鸟瞰

村落顶视图

北沟村因其地理位置邻近慕田峪长城而闻名。2018 年，位于北沟村的瓦厂酒店又成为首批由国家文物局和中国古迹遗址保护协会共同评选的中国乡村遗产酒店。

100 多户村民因旅游行业及近期兴起的农家乐，而各自发掘并运营着不同类型的民宿。同时，因为三卅的建成，北沟村也逐渐形成了自身的运转体系，为游客带来了不同类型的旅行住宿体验，为村民带来了各种不同的工作机会，同时发掘出潜在的发展需求，使乡村振兴与城市空间的探索相结合，形成了更新更可持续的生态组成结构。

新建与改造部分顶视图

平面图

1. 长城厅
2. 长城厅平台
3. 客房
4. 前台接待
5. 窑洞休息及酒吧
6. 建筑展示
7. 室外大草坪
8. 室外咖啡
9. 咖啡及餐厅
10. 室外休息座
11. 会议活动室
12. 储藏室
13. 室外泡池
14. 健身区域
15. 活动平台
16. 活动草坪
17. 紫藤长廊
18. 按摩室
19. SPA 室
20. 室内休息
21. 美甲室
22. 沙龙与展览
23. 泡池

瓦厂酒店平面图

改造前建筑原貌 1

改造后的红砖建筑外观

改造前建筑原貌 2

改造后的建筑与庭院

改造前建筑原貌 3

改造后的庭院

改造目标与策略

瓦厂酒店的改建主要集中体现在整体区域的整合与划分，以及琉璃瓦、旧址窑洞、砖三个主要元素上，分别体现了文化的遗产，建筑的历史，以及本地的文化。同时用最纯粹的表现手法，使建筑空间、景观空间与大自然产生呼应及相互的层次衬托。

局部鸟瞰

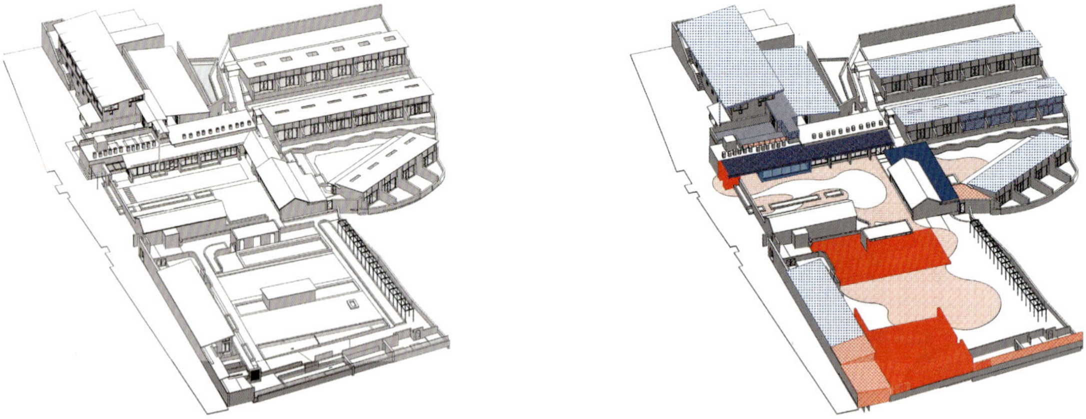

屋顶更换　　景观重建
室内翻新　　拓展改造
建筑改建　　新建建筑

改造与新建范围

砖建筑细部

建造过程中拱门元素的应用

拱门

从整体区域来理解，主楼、原烧瓦窑洞区域所在的南院一侧，是以接待、会议、活动等功能为主的院落。在平衡建筑庄严及历史厚重感的同时，用自然及明亮、多色彩的表现方式，使其能在过去的庄严感中寻找到灵动和愉悦的空间体验方式，使内容及氛围在这种活化的设计手法中能够带着过去和历史的背景一同演变。

绕过院落连接的屏风，抵达北院，视野豁然开朗，材料清晰区分，使乡村康养生活的自然感受最大化，活动方式也缓慢下来，形成一种慢速、恬静的意境。生活体验及自然感受成为北院空间的重要主题。

整体院落示意图

红砖墙将不同空间分隔开

设计元素：琉璃瓦、旧址窑洞、红砖

设计利用材料自身的属性，在自然条件的变化下，凸显人、自然与时间之间的关系。

通往景观台的楼梯

曲面砖墙 1

提炼旧址窑洞的建筑语言，并在屋顶、室内铺地及室外庭院的铺装等处采用不同比例、不同尺度、不同方法的应用，使此文化遗产元素能够通过不同感官的联系来实现它在现今社会的传承与演变。

曲面砖墙 2

统一的绿色琉璃瓦屋面整体形成一条直线，在强调老窑洞建筑历史的同时，与原有的花色琉璃瓦建筑在屋顶的层面平衡。同时绿色屋顶在地面的人眼视角上，与自然的草地植被联系起来。旧瓦与新瓦通过手工敲制而形成碎片，作为路面的铺装。进入室内时，铺装的样式变得更加精细，使感受一层层地递进。

琉璃瓦建造过程

模型图

琉璃瓦屋顶

红砖建筑外观

地面铺装

旧址窑洞是瓦厂本身最具有历史价值的一部分，所以在保留窑洞内部空间肌理的同时，增加了更加亲人的室内墙面，使人们能够从各个角度感受窑洞内的空间。此外，延续窑洞建筑的拱门特点，将拱形门廊延伸到建筑的主入口，加深窑洞历史的沉淀感、建筑的体量庄严感，同时尽可能保留窑洞原有的空间特点。

细节处理

室内空间

拱形门延续了窑洞原有的特色

红砖是本地的传统及惯用建设材料。红砖的延续使用，是希望能够使新的建造更加融入北沟村原有的整体环境，并在空间内容上尝试新的突破。建设也由本地村民完成。传统的建材、本地的建设，并融入部分城市生活方式，这是一种城市与乡村生活边界的试探与结合，也是北沟村建设过程最有贯穿性的特点之一。

新建部分顶视图

改造后的院落

院落鸟瞰

瓦厂酒店改造是设计团队在慕田峪长城脚下的北沟村，自叁舍乡情驿站、三卅民宿之后，又一个对于乡村生活文化背景的研究与空间扩展，同时，也是又一次对于乡村及城市生活关系的探索。设计师们希望用一种包容的、迎接的态度，用当地的人文模式，去描绘它自身的意义。在这样的条件下，运用景观和建筑语言，创造相互关联的空间品质，激发人们积极寻求对文化的特殊感知。

瓦美术馆

项目地点：北京市怀柔区北沟村
总建筑面积：660 m²
占地面积：540 m²
建筑占地：363 m²
庭院占地：177 m²
建筑设计：IILab. | 叙向建筑设计
合伙人：刘涵晓、Luis Ricardo
负责人：Henry D'Ath、赵懿慧
设计团队：尹凌空、陈霏、胡乐贤、严予隽、刘凌灵、Camilo Espitia
结构设计：栾栌构造建筑设计事务所
工程总包：华装兄弟（北京）装饰工程有限公司
木结构施工：青岛顺兴林木结构工程有限公司
琉璃瓦立面材料提供：北京佟氏建筑材料有限公司
红墙面立面施工：佐敦涂料（张家港）有限公司
摄影：存在建筑
业主：贰零四玖投资集团

项目设计愿景

瓦美术馆，原名北沟乡村艺术建筑美术馆，旨在表达将北沟村视为第三故乡，发展乡村，活化乡村，同时使用艺术的表现手法，敢于将乡村形象与城市美学融合。

项目本身基于对原址及村民生活的尊重，以空间为界面，意识形态作为前提，将艺术的表现与北沟乡村文化进行感官上的融合。

破旧的北沟村村委会——旧址

大屋檐下村民休息的区域

清晨的瓦美术馆

建筑材料的选择和建筑空间的演化

北沟村曾经是一个生产琉璃瓦的地方，这也是瓦美术馆名字的由来，以及外立面采用琉璃瓦贴面的原因。北沟村的屋面瓦都是就地取材，建设也由本地村民用村里传统累瓦的方式完成。然而，瓦美术馆的设计师和村民们希望在这次建造中酝酿一种突破：村口处的琉璃瓦以新的形式在阳光照射下，波光粼粼，不断流动，刻画出突破传统又迎接访客的不同状态。

瓦美术馆琉璃瓦光斑

琉璃瓦墙面细部

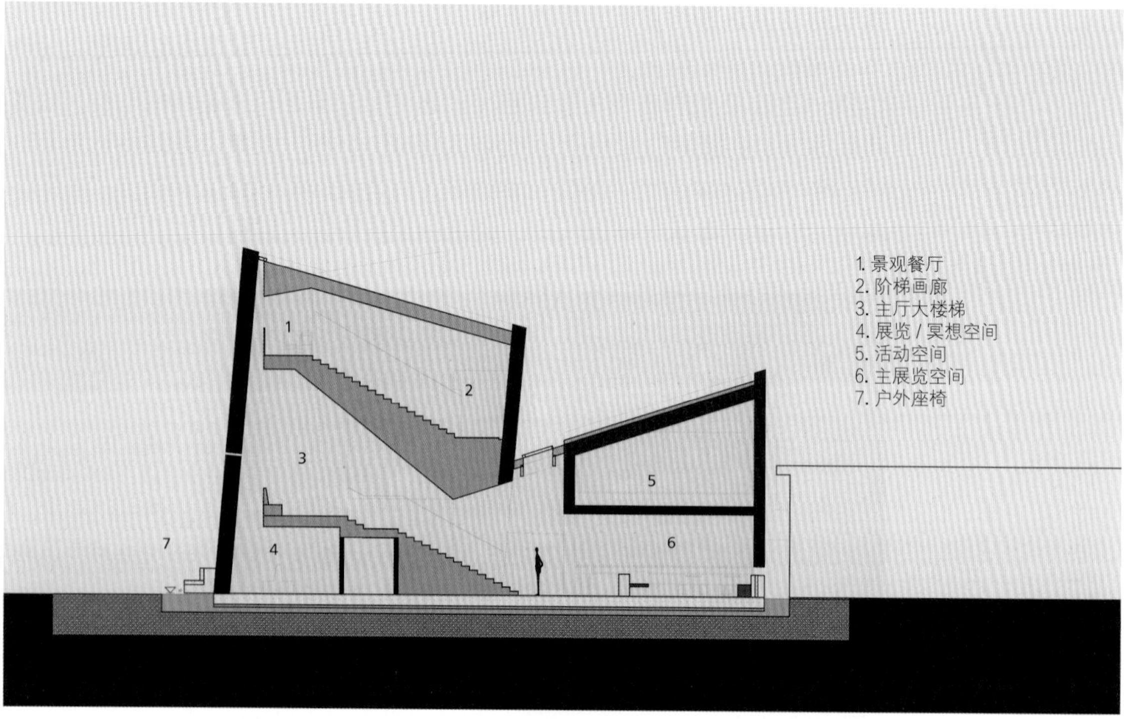

东向西剖面图

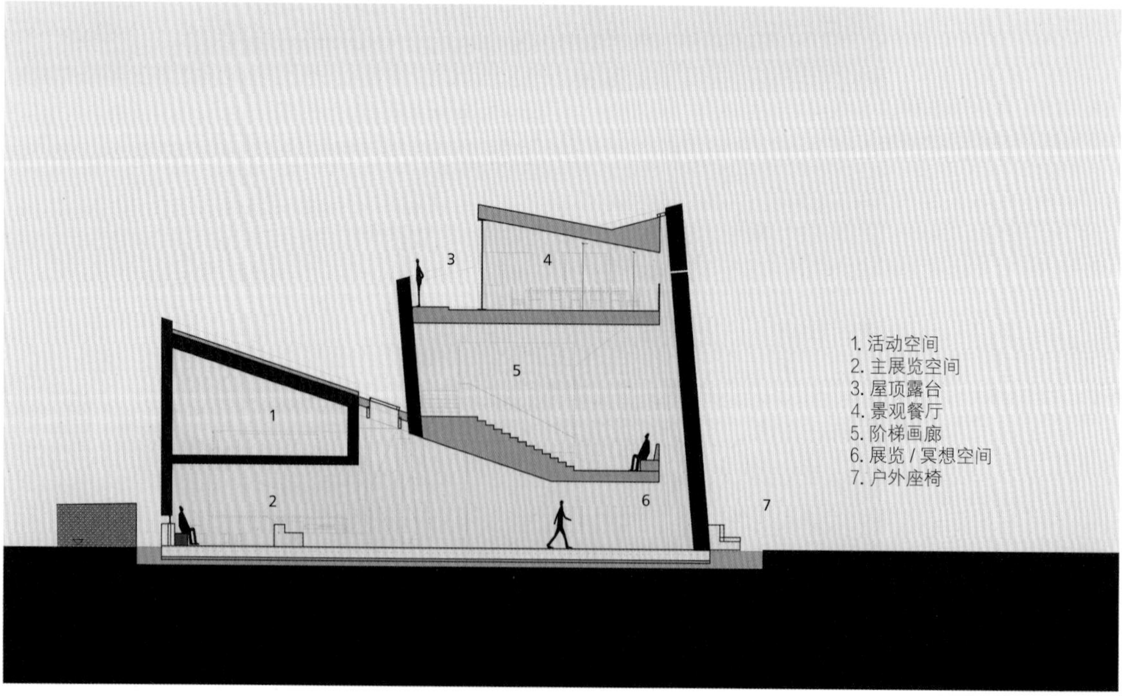

西向东剖面图

主题展示空间

瓦美术馆的空间及展示内容，是一种勇敢，甚至激进的碰撞，一种固定思维与先锋意识交流的平台。它记录了过去的脉络，描述了现在的试探，却又引申到了未知的领域。

瓦美术馆傍晚全景

屋檐下的老座位

公交车站为村民提供等待时的交流、休息场所

主体建筑方面：室内部分设置3个主题空间，分为北沟的记忆、北沟的现在、北沟的未来三部分。“北沟的现在”主题空间位于入口部分，包括咖啡厅、社区活动间、室外休息区等功能区域。“北沟的记忆”位于原建筑基底位置，设置有北沟历史展览、原址建筑记录、北沟建筑文化等主要展览空间，以及位于二楼的多功能厅，可作为学术报告厅、临时展厅、聚会厅等功能使用。“北沟的未来”塔楼配有主要的阶梯展览空间、一层的服务功能空间，以及顶楼的长城眺望景观露台等功能。

美术馆里的开放区域

观影大阶梯

室内琉璃瓦墙面

楼梯展示空间

琉璃瓦天井空间

北沟村的环境改造，人们原以为会因为这样的变化而画上句号。然而，当一个个巧妙介入乡村的建筑拔地而起，人们却发现是个更新的开始，使人们对乡村有了更多的期待。无论是对于本地村民，还是周边及远道而来的游客，优质的文旅建筑都是乡村的一张名片，为人们提供了放松身心的好去处。

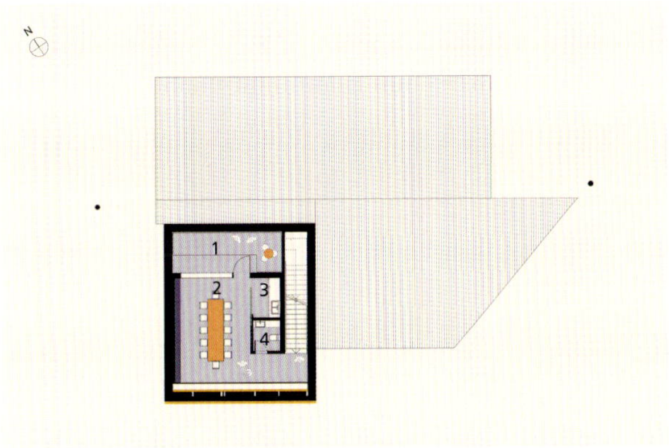

1. 屋顶花园
2. “长城台”眺望景观露台
3. 厨房
4. 洗手间

三层平面图

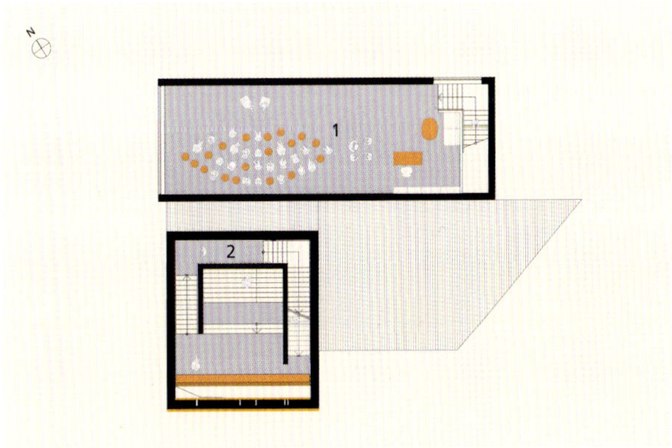

1. 活动空间
2. 阶梯画廊

二层平面图

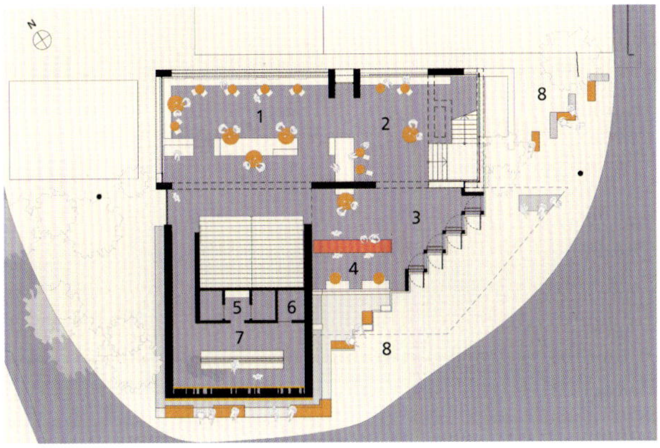

1. 主展览空间
2. 休憩空间
3. 社区活动空间
4. 咖啡室
5. 盥洗室
6. 储藏室
7. 展览 / 冥想空间
8. 户外座椅

一层平面图

社戏

项目地点：北京市怀柔区北沟村
建筑设计：IILab.｜叙向建筑设计
总建筑面积：660 ㎡
占地面积：540 ㎡
建筑占地面积：363 ㎡
庭院占地面积：177 ㎡
策展人：严予隽
设计团队：魏子煜、左超
合伙人：Luis Ricardo、刘涵晓
摄影：金伟琦、IILab.｜叙向建筑设计

文化背景：乡村振兴、乡村建造、人的介入

现代社会释放了个人与空间的关系，人口不再与土地绑定。然而当地缘不再是血缘的投影，当人不再理所当然地依附在土地上，乡土用什么长出人、留住人？振兴乡村无法绕过的就是让人从城市向乡村回流，不论是短暂的消费还是长期的居住、工作。

入口处的脸谱设计

夜幕下的建筑被温暖的光线点缀

社戏 —— 一场乡村建设彩排，这是一次在瓦美术馆策划的展览。这个展览是对过去 7~8 年，设计师参与乡村建设以来，在北沟村做的所有事情的一次回顾与思考。本地人、外来者、建设的发起者、村里的工人、村民、村干部、外来的施工队、游客、来访者、建筑师，等等，都是参与在整个乡村建设里的角色。每一件事情，都有这么多角色在参与其中。北沟经验表明，人与人的交互、群体和群体的碰撞是乡村建设的过程与结果，唯此才有乡土中国复归的可能、陌生人社会中更具人情的关系复归的可能，以及乡村主体性复归的可能。

建筑入口

项目目标与展览空间

社戏旨在以北沟一系列建筑实践为窗口，将乡村建设背后的人物关系和互动显化，以多旋律并进的展览方式，将人和人之间、群体和群体之间的互动转化为一幕幕场景。不同角色轮番登场，展陈视角不断转化，邀请村民和村子的来访者进行一场角色扮演。

展览共分为七个主要空间，其中瓦美术馆的六个空间为戏剧主线，分别是入幕、重唱、谈判、反思、对角和群像。

入幕空间与村庄连通，是展览的开场客厅。工人、建筑师、村民、开发商、游客……不同角色间是否有着无法逾越的界限？人们在这里互相观察，最后汇聚在瓦美术馆的屋檐下。

社戏外部宣传帷幕

建筑入口空间设计

建筑入口空间细部

入幕空间设计

重唱空间位于老房子原址一层，这里散落着粗糙的毛石基座，展览场景强调历史现场感，内容为三卅施工、北旮旯和民房改造。旧民房、新建筑、老村民、施工队，在北沟新旧交替过程中不断建立着联系，关于历史和记忆的探讨逐渐变得清晰起来。

重唱空间展示

谈判空间位于老房子原址二层，这里空间清晰利落，用于展示瓦美术馆项目。不同角色在建设瓦美术馆时表达了对建筑本身的期望与理解，最终促成了瓦美术馆的建成。

谈判空间展示

反思空间是位于琉璃瓦墙下的小空间，这里光影充满戏剧张力，展览内容为“三卅——建筑师的反思与独白”。建筑师内心的独白被影射在一条狭窄的走廊里——设计者该如何使用它并最终与自己和解。

反思空间展示

对角空间由塔楼阶梯画廊开始到三楼露台结束。这里与长城景观联结，主角为瓦厂项目中带入游客视角的建筑师和来此参观被赋予建筑师视角的游客。设计师和游客该如何发现心中的风景？不同视角是否会错过对方的感受？瓦厂设计小心地平衡这种细节，只有远方的长城永远俯瞰这一切。

对角空间展示

群像空间（即尾声空间）位于大台阶处，展览内容为“群体影像”。所有角色和访客汇聚到这里，如同置身在村口的露天电影院。关于北沟的瞬间在屏幕上变了又变，人们自己也拥有了瞬间的英雄主义。

群像空间展示

项目延伸：北沟新主义，即兴激活与乡村地块的生活实验

北沟村的环境改造与乡村实践已有 7~8 年的时间，然而在阶段性的内容都成为现实，落实于实际互动体验时，一些生活与感受的缺失便时常尤为明显。突发的山泥倾泻将老房子砸垮，留下了几十平方米的空地，人们对餐饮空间的需求也持续降低，给空间的使用目的带来了不确定性。从而给延伸乡村空间的畅想与实验提供了可能的场地。

北沟新主义 1.0 空地

北沟新主义 2.0 功能用地

北沟新主义 3.0 随机使用与探索

于是，一场即兴的场地探索，作为“社戏，一场乡村建设彩排”的实验性临展，随即开始。这是一场对乡村居住者与城市生活者两者融合程度的研究，是对于现有北沟村发展体系可否延展的尝试与探讨，同时，也是一种对于未来的刺激与鼓动，但反应与结果未知。

第一阶段——以空地与图像的视觉表现方式叙述空地的发展意图，记录反应。

第二阶段——建设洗手间此类必需的功能以支持建造，结合展览的装置应用，以凸显潜在活动变化与乡村语言能够在传统理解基础上而衍生的突破可能性。

第三阶段——在已设定图像及布局基础上，放置室外家具（在最终空间目标的设定框架下），在环境舒适度上给予非常规的挑战与设定，以观察反应现象。

第四阶段——将空间功能硬化，使提取出的现象成为保留的空间内容，并将空间定性，向乡村新的一部分生活发展。

北沟新主义 4.0（未实现）

上述设想未能实现，空间需求在社会环境的引导下，产生了反方向的变化。

第四阶段的实际情况——在无积极回应的情况下，该空间成为瓦美术馆固定展的搭建平台，以帮助突出展览的主题表现。

第五阶段的实际情况——社会环境改变，原本的空间需求急剧增加，于是准备恢复原本的空间属性。

乡村的动态进阶性实践演变，体现了乡村实践的节奏与其内容的融合关系。此实验的最终设想或者说假设没有实现，然而起初设定的发展方向与实际反应之间的互动与启示，也许能够给予更加明朗的对于乡村 / 城市实践方法的理解，帮助乡村生活实践者找到更合适的尺度。这种“干预”，似乎更像是一种“单向实践”所获得的“互动”，这种“互动”可能才是乡村建设的真正启示。

群像空间展示

上坪古村复兴改造

上坪古村水口区域，改造后的水吧和烤烟房

项目地点： 福建省三明市建宁县溪源乡
设计面积： 159 m²（水口篇）、113 m²（杨家学堂篇）、151 m²（大夫第篇）
建筑设计： 三文建筑
主持建筑师： 何崴
建筑设计团队： 赵卓然、李强、陈龙、陈煌杰、汪令哲、赵桐、叶玉欣、宋珂
照明设计： 清华大学建筑学院张昕工作室
照明设计团队： 张昕、韩晓伟、周轩宇、牛本田
室内施工图设计： 北京鸿尚国际设计有限公司
摄影： 金伟琦、周梦
业主： 溪源乡人民政府

上坪古村，地处福建省三明市建宁县溪源乡，是福建省历史文化名村，并于 2012 年列入中国首批传统村落名录。上坪村历史悠久，文化底蕴深厚，大部分村民为杨姓，族谱记载是汉代太尉杨震的后人。村落现有格局完整，两条溪流绕村，并在村口汇聚，形成完整的山水格局；村中有多处省级文保单位，如大夫第、杨氏家庙、社祖庙、赵公庙等。此地民风淳朴，历史上也出过很多文人，据传朱熹也曾到过上坪，在此地讲学，并留下墨宝。因此，上坪有“书香水村，明水绕古村”之名。

上坪古村水口区域航拍

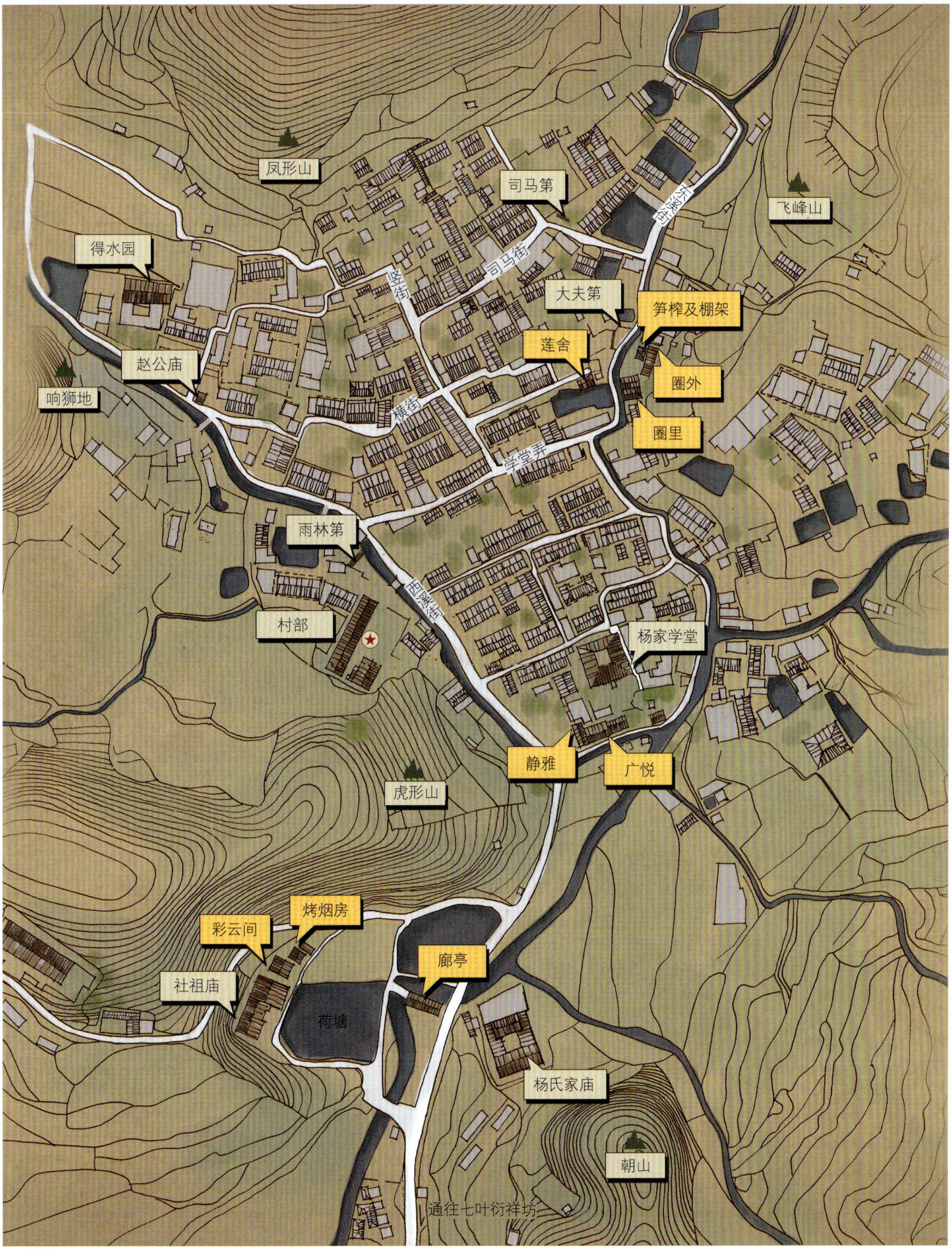
凤形山
司马第
东溪街
飞峰山
得水园
竖街
司马街
大夫第
笋榨及棚架
莲舍
赵公庙
圈外
响狮地
横街
圈里
学堂弄
雨林第
西溪街
村部
杨家学堂
静雅
广悦
虎形山
烤烟房
彩云间
廊亭
社祖庙
荷塘
杨氏家庙
朝山
通往七叶衍祥坊

手绘总平面图

上坪古村复兴计划之水口篇

村口节点的改造是上坪古村重要节点建设工作的一部分，同步进行的还有杨家学堂区域和大夫第区域。因为是历史文化名村，所以必须在保护的前提下进行设计。设计团队没有采用常用的修旧如旧的方式，也没有赶时髦地进行民宿的打造，而是挑选了村庄中若干闲置的小型农业设施用房，如猪圈、牛棚、杂物间、闲置粮仓等进行改造设计。植入新的业态，补足古村落旅游服务配套设施，为村庄提供新的产业平台是此次工作的重点；而基于在地性、乡土性，同时强调建筑的当代性、艺术性和趣味性是设计的基本原则。在这些的基础上，设计团队还要为村庄提供后续经营的指导，设计乡村文创产品，以及相关的宣传推广，可谓从产业规划到空间营造，再到旅游产品和宣传推广的“一条龙”服务。

由杂物间改造的水吧

“杨氏文化”系列产品

“杨氏文化”纯木杯垫及拓印版

“上坪莲子”有机系列产品

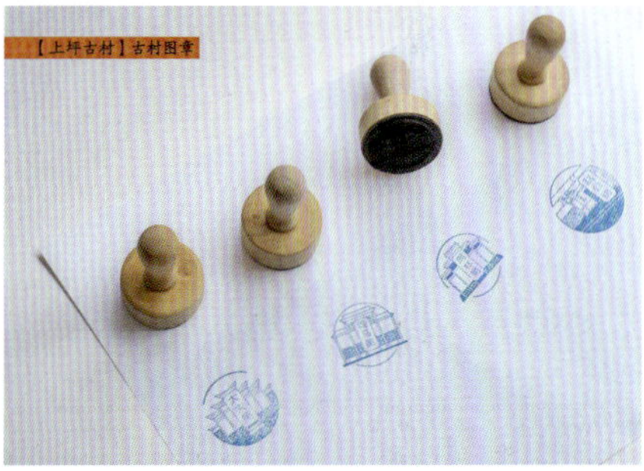

“上坪古村”古村图章

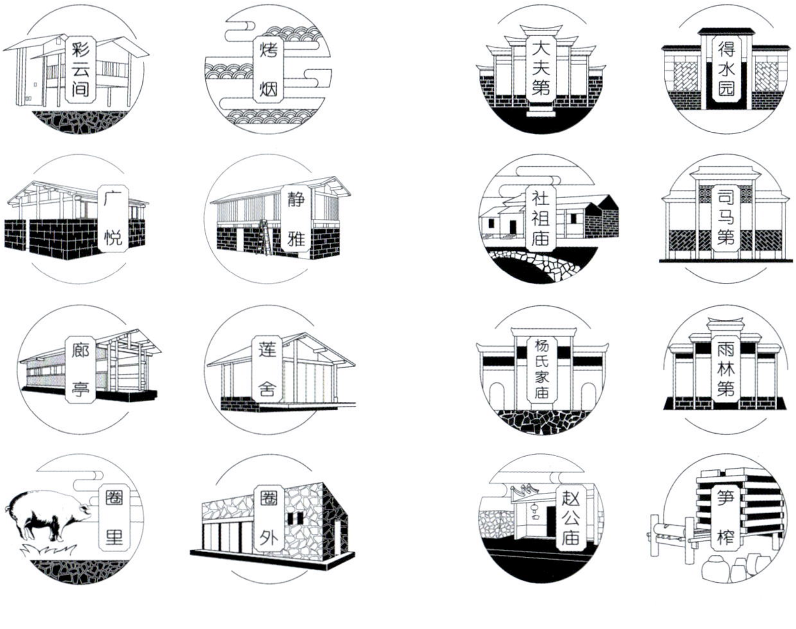

“上坪古村”古村图章大样

场地情况：位置重要，但状况急需改善

村口是古村的水口，也是村民祭拜祖先和神灵的地方。村口原有建筑包括社祖庙、杨氏家庙、廊亭以及烤烟房和杂物棚；古桥、玉兰树、荷塘是村口主要的景观元素，它们与古建筑一起构成了该区域的基本风貌。

除了社祖庙、杨氏家庙外，原有建筑状况并不理想。廊亭是 20 世纪 80 年代农民为了把守水口（因为当时修建机动车道，破坏了原有的格局）草草兴建的。主体结构为毛石垒砌，厚重、粗劣，且封闭的形态既不利于内部的使用，又阻隔了入村时候的视线，急需改造。烤烟房和杂物棚位置显眼，但长期闲置，也是消极的元素。

水口区域原貌

上坪古村水口区域改造后实景

上坪古村水口区域航拍

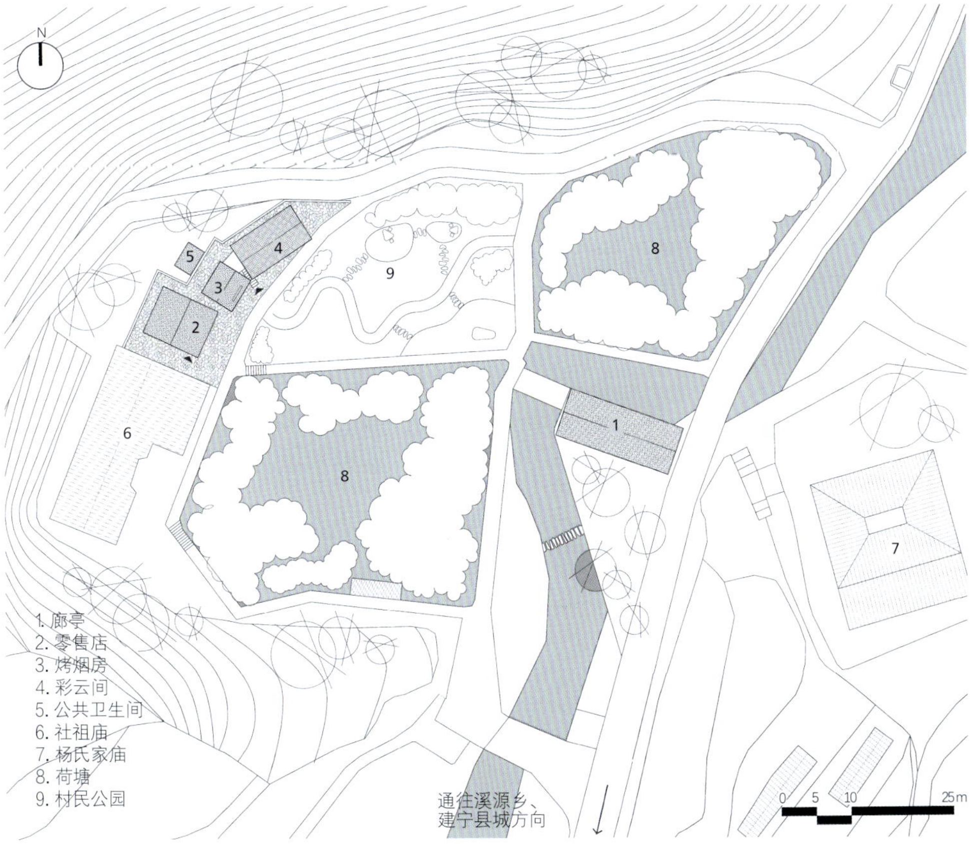

水口区域总平面图

设计任务：补充服务设施，重塑村口场域

村口是进入上坪村的门户，也集中了若干古迹和景观元素，但缺乏供游客歇脚、餐饮的旅游服务设施。原廊亭位置非常重要，它既是入村第一眼看到的构筑物，也是连接杨氏家庙和社祖庙的中间点，但原有建筑无法满足这些诉求，急需改善。此外，如何将场地中的闲置建筑进行整合和再利用也是此次改造工作的重点。

彩云间水吧和烤烟房立面

上坪古村水口区域改造后全貌

水口区域空间概念图

改造手法：古中带新，艺术介入

不刻意追求复古的形式，也不使用过于现代和城市化的形态，村口节点的几个新建筑希望在保持在地性的同时，在局部呈现新的气象，从而使新建筑身兼古与新的双重个性。

村口廊亭原貌

新廊亭成为村口的标志

新廊亭更通透、更具互动性

（1）廊亭

将原有封闭的毛石廊亭拆除，用木材重新塑造一个新的、更为通透的廊亭。它既要能够阻隔视线，锁住水尾的传统格局，又必须让坐在廊亭里的人可以看到周边的景色和过往行人。设计师在采用传统举架结构的基础上，对外立面进行了大胆的改良，利用格栅形成半通透的效果，并在半高的位置开了一条通长的“窗”，形成框景。这种形态乍一看很现代，但细看又能从中发现唐宋时代中国建筑的影子，也从另一个角度回应了上坪村传说中可以追溯到宋代的历史。廊亭中，当地居民自发供奉的神像被妥善地保留好，并重新安置回新建筑原有的位置上。设计师希望通过对原有信仰的尊重，使新廊亭与老廊亭建立一种传承关系，也让当地人更容易接受这个村中的新成员。灯光的处理，进一步加强了廊亭作为村口精神性符号的功能。夜晚，从远方归来的村民可以在很远的地方就看到廊亭中的灯光，它引导着人们回家的方向。

新廊亭内的鱼灯装置

（2）彩云间

建在原来场地中杂物棚的基地上。它是一个不大的房子，基本保持了当地的棚架格局，半高架约 1.5m。人在其间，可以从高处俯视面前的荷塘，从而完成村庄整体格局中的“观水”主题。建筑的功能是水吧，设计师希望它成为村口供人歇脚的场所。因为空间不大，所以内部格局不复杂，就是一个简单的方盒子。面向村庄的立面，采用了中轴的木窗板，使内外空间形成灵活多变的可能性。窗板并没有墨守成规，而是将一侧用油漆涂成七彩的颜色，这样无论是远观，还是在室内，人们都能感受到建筑的灵动。设计师希望这个新的服务设施能为古老村庄带来一点戏剧性的“冲突”。

彩云间

彩云间的立面采用可变化的中轴窗板

彩云间室内

（3）烤烟房

作为当地农业的传统工艺遗存，烤烟房具有一定的旅游观赏价值，可以满足城市人对传统制烟工艺的好奇。但设计团队并不希望把改造工作停留在原有工法的简单再现上，于是，一种艺术的手法被引入，通过一个光和色彩的装置，烤烟房被塑造成对中华农耕文明，及与其紧密相关的太阳的歌颂。阳光被分解和强化为彩色的光，从天窗照入室内空间，奇幻的光影效果为简单的空间提供了浪漫的色彩。设计师希望这里成为一个仪式性的场所，通过反映太阳的艺术装置，现代人可以反思人与自然的关系。

村口烤烟房和杂物棚原貌

改造后的烤烟房和水吧

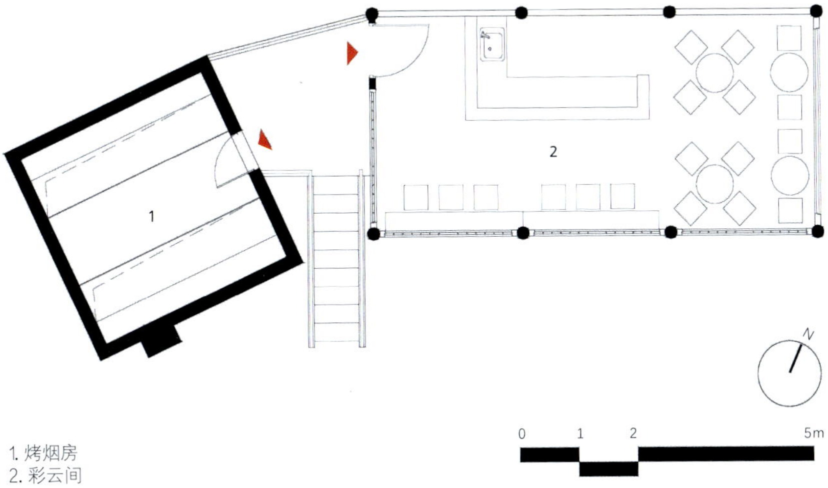

烤烟房及彩云间平面图

烤烟房彩虹装置概念剖面图

烤烟房内部的彩虹艺术装置

上坪古村复兴计划之杨家学堂篇

杨家学堂节点位于上坪村两条溪流的交会处，是入村后的道路分岔口，地理位置非常重要。此处有杨家学堂，相传朱熹曾在这里讲学，并留下墨宝。选择在这个地点进行节点改造设计，既考虑了旅游人群的需要，也传承了上坪古村的历史文化。

杨家学堂区域，由牛棚改造的乡村阅读空间

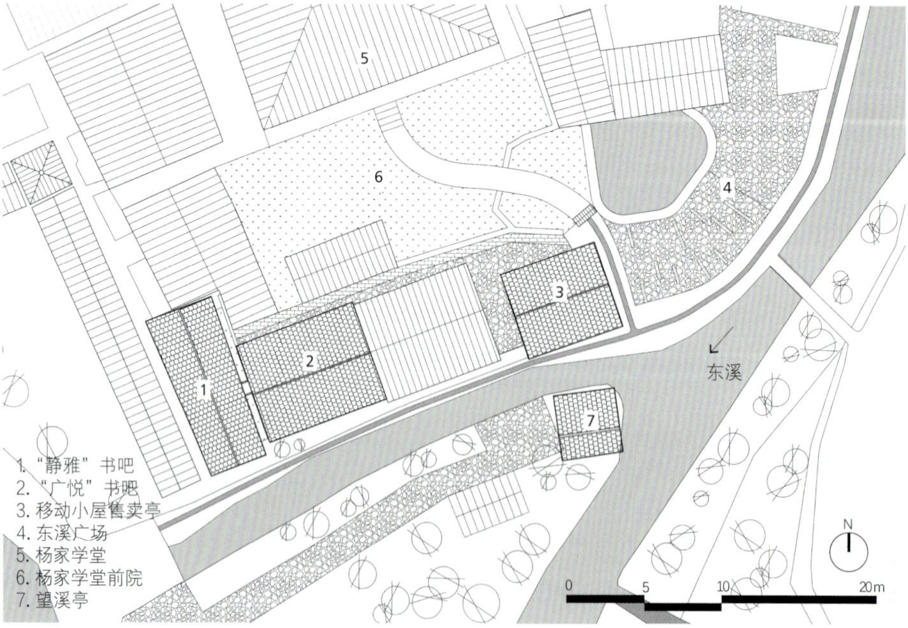

杨家学堂节点总平面图

改造对象是杨家学堂外面的几间废弃的农业生产用房：杂物间、牛棚和谷仓。设计团队希望将原来的建筑改造为一个书吧，一方面为外来的观光者提供一个休息和了解村庄历史文化的地点，更为重要的是为当地人，特别是孩子提供一个可以阅读和了解外面世界的窗口，并为重拾“耕读传家”的文化传统提供了支点。

杨家学堂节点原貌

改造后的杨家学堂区域

（1）广悦与静雅

在前期的踏勘中，设计师发现现状的杂物间和牛棚在空间上有很大差异。杂物间相对高大，内部空间开放；而牛棚则正好相反，由于原有功能的需要，空间矮小、黑暗，几个牛棚之间由毛石分隔。此外，牛棚上面还有一个低矮的二层用于存放草料。

空间的差异和“瑕疵”带来了空间改造的困难，同时也为改造后的建筑叙事提供了戏剧性元素，这正是改造项目有趣的地方。利用原有空间的特点，设计团队将新建筑定义为“一动一静”两个部分。

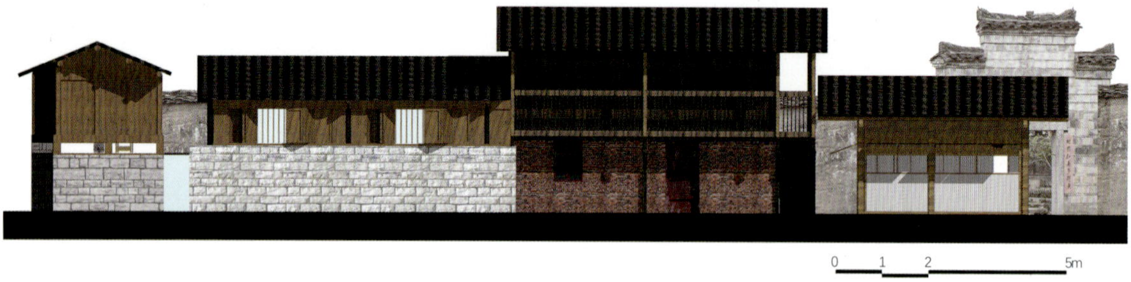

杨家学堂立面图

杨家学堂的新建筑分为“一动一静”两个部分

“一动”是利用杂物间改造的书吧的售卖空间，这里相对热闹，拿书借书，买水喝水，以及设计团队专门为上坪村创作的一系列文创产品都在这里集中展示、销售。这里是上坪村对外的一个窗口，外来人可以在这里阅读上坪古村的“前世今生”；村里人也可以透过建筑的窗口（建筑朝向村庄的一面采用了落地玻璃的方式，将书吧和村庄生活连在一起）和心理的窗口与外面的世界进行对话。大家称之为“广悦”。

“广悦”书吧吧台

“广悦”书吧室内空间

“广悦”书吧剖面图

原有建筑朝向溪流的一侧是封闭的毛石墙，开窗很高，但溪流和对面的田园景观又是希望引入书吧的。设计师并没有降低原有窗口，而是在室内加设了一个高台，人们需要走上高台才能从窗口看到外面。这样做一方面尊重了原有建筑与溪流、道路、村落的关系，保持了建筑内部和溪流之间“听水”的意境；另一方面也满足了人们登高望远的要求，丰富了室内空间。建筑面向村庄的一侧，原有的围墙已经倒塌，设计师利用一面落地玻璃来重新定义建筑与村庄的邻里关系，也解决了原有建筑采光相对不理想的问题。

从杨家学堂的墙缝中看“广悦”书吧

人们可以从书吧内新加的高台观看室外的景观

从高台观看室外的景观

“一静”是读书、静思的空间，称之为“静雅”。它由牛棚改造而成。设计师认为原有建筑最有意思的空间模式是上下两层相互独立又联系的结构：下面为牛生活的地方，由毛石垒筑而成，狭小、黑暗；上面是存放草料的地方，木结构，同样狭小，相对黑暗；上面的“木房子”是直接放在下面的石头围墙上的。它们之间在物理流线（上面的空间不会通过下面的空间进入）上是分离的，但在使用逻辑（牛吃草）上是关联的。

书吧的入口低于常规，只有1.5m高

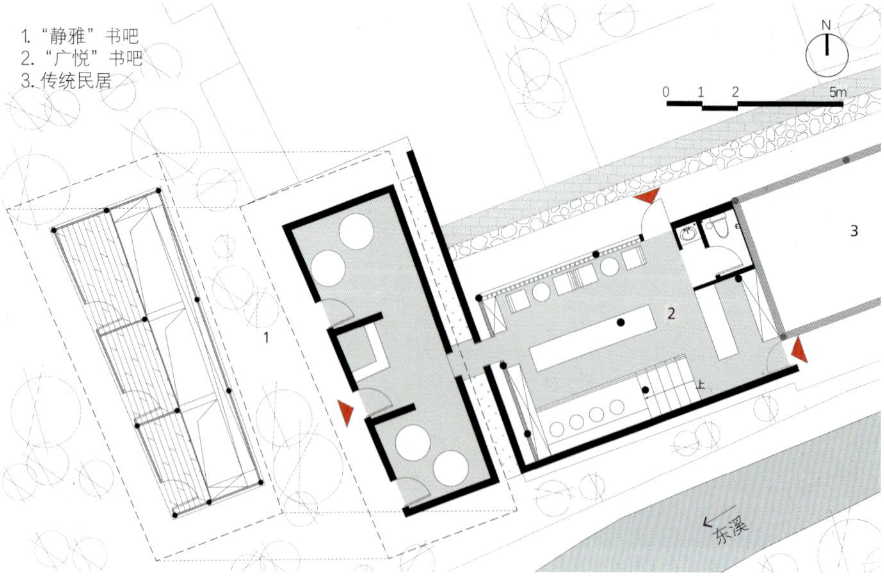

书吧平面图

“静雅”书吧由牛棚改造

书吧沿用了这个空间模式，但将上面的“木房子”稍微抬起，一方面增加下面空间的高度，另一方面将阳光引入原本黑暗的牛棚。这里将成为阅读者的新“窝”，安静、封闭，不受外部的干扰，唯一能打扰读者的是从两层空间之间缝隙射入的一缕阳光。原有的毛石墙面被保留，懒人沙发被安置在地面上，柔软对应强硬，温暖对应冰冷，“新居民”对应“老住户”，戏剧性的冲突在对比中产生。二层的草料房被重新定义：原来的三个隔离的空间被打通，草料房的一半被通高空间取代，在通高空间与新草料房之间采用了阳光板隔墙，形成了半透明的效果；草料房仍然很低矮，进入的方式也是必须从户外爬梯子而入，很不舒服，但这也是设计师有意为之。设计师希望这里的使用回到一种“慢”的原始状态，有点类似苦行僧的状态，使用者需要小心地体味身体与空间，把都市的张扬收起，在读书中反思人与自然、人与环境的关系。

“静雅”书吧内，“木房子”被稍微抬起，将阳光引入原本黑暗的牛棚

二层空间矮小，空间体验感独特

这种“慢”的要求也同样反映在一静一动两个空间的连接位置上。一个刻意低矮的过道被设计出来，成年人需要低头弯腰慢慢通过。设计师希望通过这种空间的处理暗示“谦逊”这一中华民族的传统美德：低下头，保持敬畏。

石墙、木材和阳光板形成材料质感的对比

（2）文创产品

书吧也是上坪文创的重要展示和销售的聚点。设计师利用上坪古村原有的文化历史传说、传统进行乡村文创设计，打造一系列专属于上坪古村的乡村文创产品和旅游纪念品。如利用朱熹的墨宝对联创作的书签和笔记本；提取上坪古村的历史、文化、建筑、农业特点设计的上坪古村的标识（logo），以及由此延伸的文化衫、雨伞等。这些文创产品既传承了上坪古村的历史文化，又为村庄旅游提供了收入。

“上坪古村”logo

“朱熹讲学”书签

“上坪古村”主题衍生品

上坪古村复兴计划之大夫第篇

上坪古村复兴计划中最后一个设计区域位于村落较深的位置，是贯穿村落的两条溪流中东溪上游的重要节点。这里最重要的标志是名为“大夫第”的宅子，相传这里的主人曾在外面做官，回乡后在故里建造了这座大宅。大宅的口楼还保存完好，但里面的主体建筑已经因为早年间的一场大火被焚毁，非常可惜。设计区域内原有丰富的文化和景观元素：水塘、古井、笋榨工坊、大夫第门楼、古戏台遗址等；同时，也存在若干闲置的构筑物，如猪圈、杂物棚等。有趣的是，猪圈和杂物棚的位置极为显眼，占据了场地中视觉和景观的焦点位置。这种现象在古村落中常有发生，也为村庄的改造和新业态的植入提供了有利的条件。

大夫第夜间鸟瞰

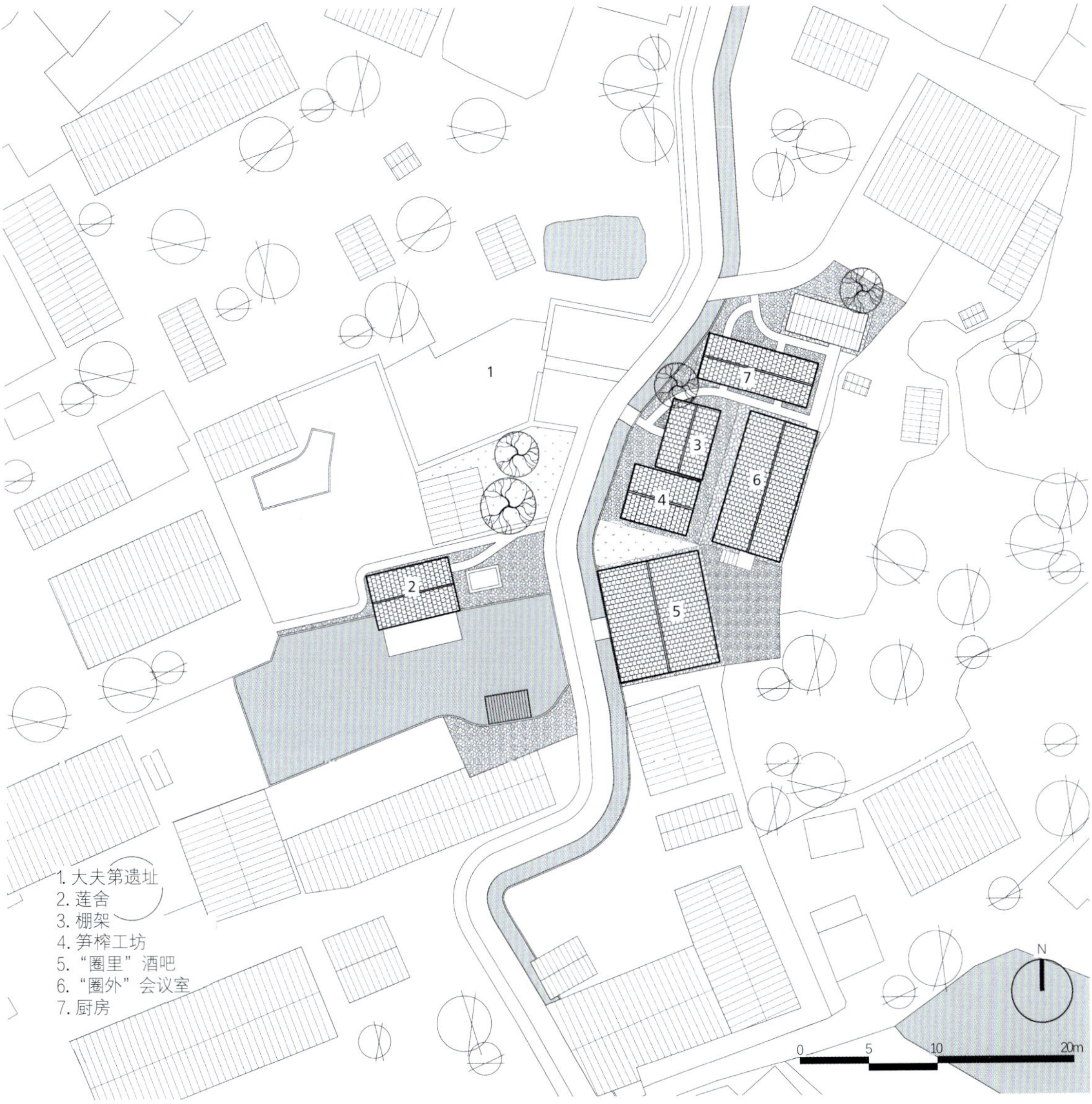

大夫第节点总平面图

独特的位置和文化、景观条件决定了这里必然会成为人群聚集的地点，而正如上坪村普遍存在的问题一样，缺少休憩、餐饮等旅游配套设施严重影响了村庄旅游，及相关产业的发展，也进而不利于村庄经济的复苏。针对这个问题，设计团队希望通过对闲置农业生产设施的改造，植入新的业态，聚集人气；与空间改造同步，一系列与古村相关的文创产品和旅游活动内容也被一起考虑。在设计团队看来，乡村振兴本就不只限于空间的改变，更应该涉及经营和产业。

（1）“圈里”和“圈外”

由废弃猪圈改造的酒吧：“圈里”是区域内最主要的新建筑。建筑的外观并不张扬，尽量保留了原有建筑的材质和形制：毛石围挡和木构屋架。在内部，建筑的平面成田字形，田字的四个区域是原来的猪圈，设计保留了原有猪圈的毛石围墙，将吧台、散座和炕席分别置于四个原本的猪圈中。慵懒、戏剧性是酒吧“圈里”希望传达的气氛，撞色和碎花的靠枕、炕桌、石槽，由钢筋条焊成的走廊地面，配以可变色的LED地灯……设计师希望在古村中创造一个“异类”，它可以服务到村里来的年轻人群体，增加上坪旅游的丰富度。

上坪大夫第节点立面图

“圈里”酒吧外观 1

“圈里”酒吧外观 2

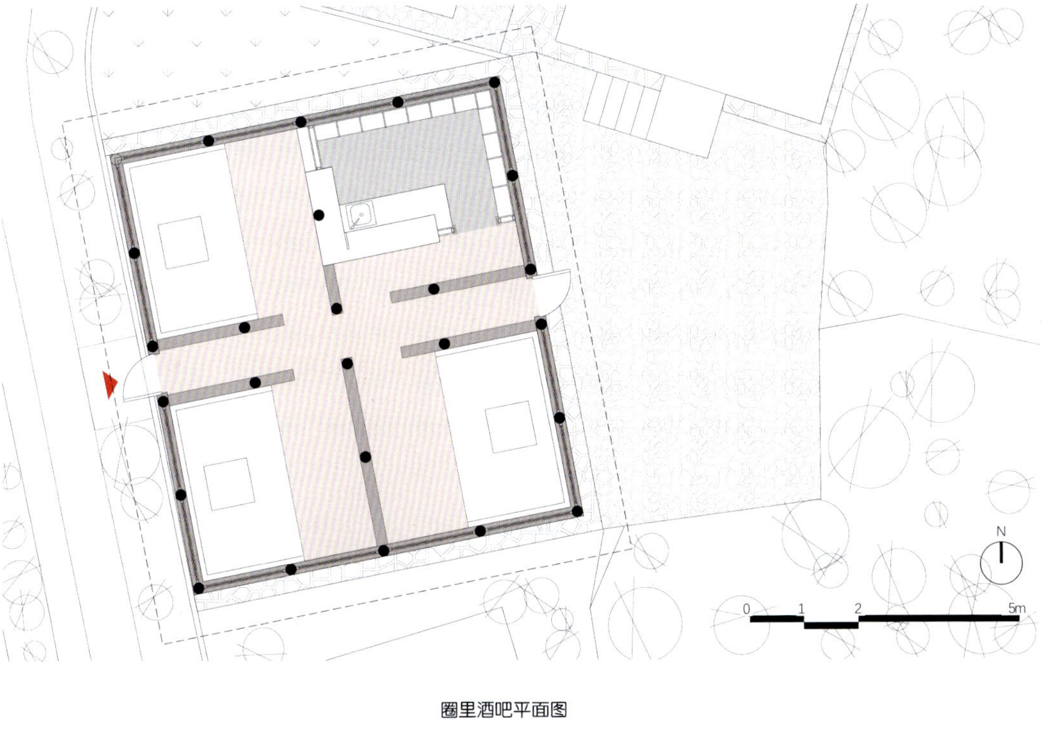

圈里酒吧平面图

“圈里”酒吧吧台区域

“圈里”酒吧炕桌区域

"圈里"酒吧走廊地面配以可变色的LED地灯

"圈里"酒吧散台区域

设计保留了原有"圈里"酒吧内猪圈的毛石围墙

在圈里酒吧的旁边，新建了一座小型会议室。建筑采用单坡顶，朝向大夫第门楼的一面使用了落地的大玻璃，与大夫第门楼以及两者之间的戏台形成了很好的对视关系。因为和圈里酒吧相邻，设计师为其取名“圈外”。会议室和酒吧分别服务不同的人群，但都从不同的角度补充了古村对外服务功能不足的短板。

“圈外”会议室夜景

“圈外”会议室与“圈里”酒吧共同弥补了古村对外服务功能不足的短板

“圈外”会议室室内

（2）莲舍

莲舍是杂物间改造的茶室，也暗示了“廉洁”之意。原本的杂物间位于大夫第旁边的一个水塘边，水塘的存在使杂物间成为区域内最显眼的视觉焦点。设计保留了原有建筑的毛石围挡，只对上层的木结构进行了整修，将之改造为一个水边的茶室。原有的老木材被尽量保留下来，重复使用；在朝向水面的一面，落地门窗和架在水上的平台加强了建筑与水景的关系，也给新的使用者一个临水而居的感觉。水塘内的景观也被重新梳理，原本半闲置的状态被新的景观元素——荷花所替代，从而与新改造的茶室相呼应。

大夫第节点水塘和杂物间原貌

“莲舍”外观

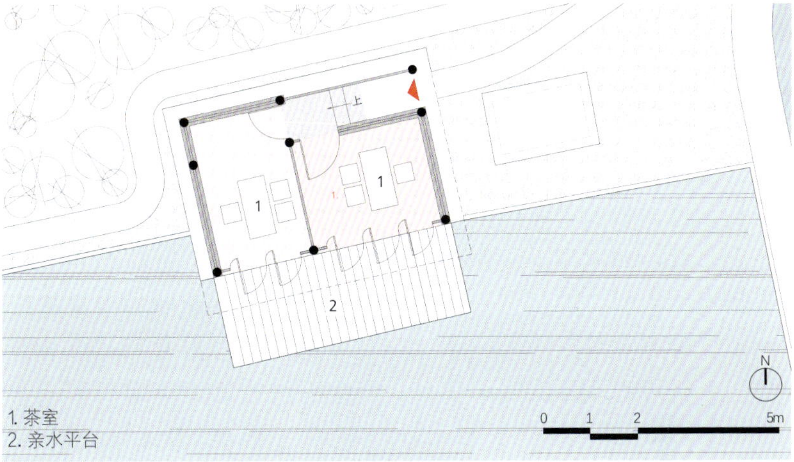

“莲舍”平面图

“莲舍”——由杂物间改造的茶室

（3）戏台和笋榨

在大夫第门楼、圈里酒吧和圈外会议室之间，原场地中有两处棚架，它们原来的用途是用于榨笋，制作笋干。设计师认为它们的存在很好地诠释了乡村的气氛，于是棚架被保留下来，适当地进行整修，但力求保持一种搭建的随意性。安放笋榨的棚架仍然作为制笋的空间（遗憾的是原来的笋榨农民不肯留下，只能从别处移来另一架笋榨），在清明前后，它仍然可以进行生产，同时也为村庄的旅游提供了一种体验活动。另一座棚架的用途进行了调整，平时它可以作为一个凉亭被使用；在特定时间，它又会变身为乡村传统戏剧的表演舞台，而此时周边的建筑窗口则成为观赏表演的最佳位置。

大夫第节点场地中的原有笋榨

制笋空间

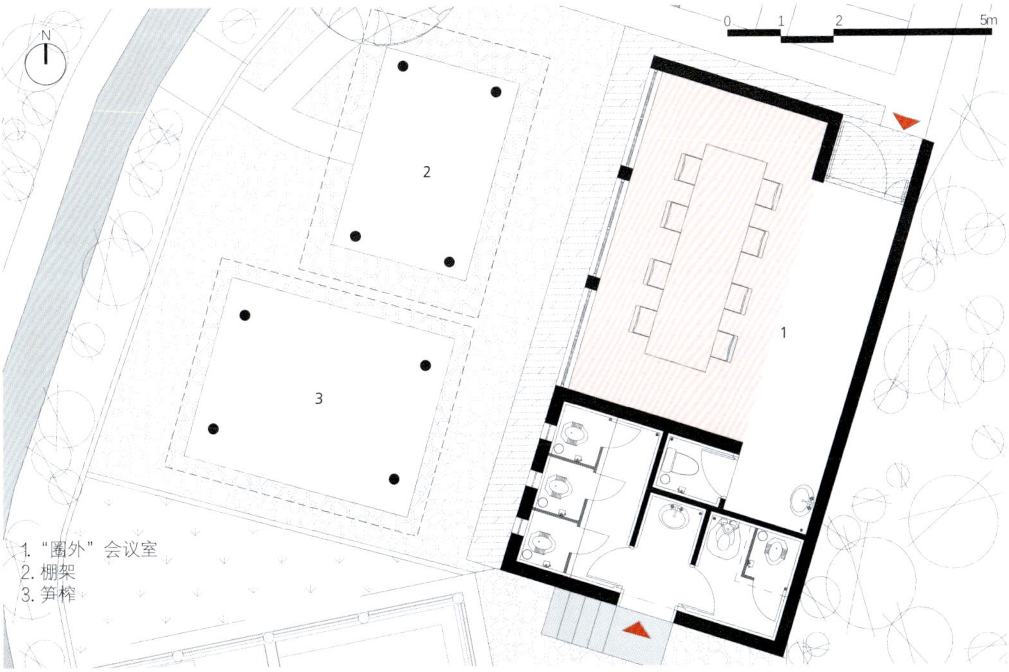

圈外与笋榨平面图

两处棚架被用于制笋空间和凉亭

（4）文创产品

与上坪古村其他两个节点一样，设计团队也为大夫第节点设计了专属的文创产品。除了特别为上坪莲子、笋干设计的包装外，一个由“圈里”酒吧衍生出来的以“猪”为主题的系列产品显得尤为突出。猪在中国传统文化中是富足的象征，在汉字中“家”字下面的“豕”字就是猪的意思。在西方文化中，猪也有吉祥、幸运的寓意。设计师以猪为造型设计了一组产品，包括丝巾、杯垫、明信片等。它们一方面对应建筑的原始用途，另一方面又增加了趣味性。

“上坪古村”主题围巾

“上坪古村”创意系列产品

【规格】
“圈里”饭盒：
（中）底部 18cmx12cm，上部 20cmx14cm，高 5cm
（中）底部 19.5cmx14cm，上部 22cmx16cm，高 6.5cm

“圈里”圆盒：
口径 9.8cm，7.5cmx10.6cm，容量 450ml
口径 11.7cm，9.2cmx11.5cm，容量 750ml

“圈里”透明盒：
（长方）15.5cmx8.5cmx6cm
（正方）15.5cmx15.5cmx6cm

“圈里”加宽手腕带：23.5cmx17.7cmx27.5cm

“圈里”系列产品

上海奉贤李窑村乡村振兴

改造后的建筑鸟瞰图

项目地点：上海市奉贤区李窑村
建筑面积：33,620 m²
设计单位：水石设计
建筑设计：水石设计－米川工作室
主持建筑师：徐晋巍
技术总监、驻场总建筑师：李文章
方案成员：刘凤翔、孙钰莹、胡波、危正、奚海田、肖斌、杨赫铭、王蒙、林毅冲、蔡尚志、蒋夏丹、张君、徐可昕、郭爽、姬晨晗、王友文、张帅
施工图设计：水石工程
建筑成员：金江成、胡波、肖斌、刘凤翔、孙钰莹、陈超、王利尧
结构成员：钮杰、曹发恒、陈姝佳
机电成员：魏琪、李金琦、赵舟、陈磊
景观设计：水石景观
方案成员：技术研发部设计十室
施工图成员：技术研发部设计十室
施工总包：中交上海航道局有限公司
摄影：胡义杰
图文提供：水石品牌
业主：上海东方桃源实业发展集团有限公司

几十年来，中国高速的城市化、工业化进程使得城市得到了发展，工业得到了强大，但是城乡发展不平衡、不协调的矛盾日益突出。乡村振兴作为国家战略提出，是城市反哺农村、工业反哺农业的必然需要。乡村振兴旨在让乡村重新焕发魅力，使蕴藏在乡村的中华文化可以延续和崛起，吸引更多的年轻人和创业人才回归乡村，使产业得以振兴，农民得以富裕，乡村变得更美。

李窑村是上海市第三批乡村振兴示范村，2019年通过美丽乡村评选，在整体的乡村肌理风貌上具有良好的基础。大片的水稻田、丰富的河道水系，以及基础的景观绿化已成型。明清时期李姓大族南迁青溪东南，置田造屋，开砖窑多座，所产青砖因量大质优而闻名遐迩，在此基础上慢慢形成李窑村，有着自身鲜明的文化底蕴。此时的建筑师似乎有一种使命感，骄傲而忐忑，激动欣喜又诚惶诚恐。因为在曾几何时，也有诸多的美丽乡村，在过度更新中被摧毁，断了乡愁，毁了文化，更谈不上振兴。

村落鸟瞰图

村落总平面图

产业策划：挖掘产业独特性，拒绝千村一面

此次乡村振兴，主要通过房屋改建、道路桥梁、河道疏浚、景观绿化及公共服务配套设施的建设，对李窑村的农、林、水、田、路、桥、房进行重构。建立“租金 + 股金 + 就业收入”的收益模式，将村民空余的房子流转出来，进行风貌改造，此后引入新兴产业，将农、商、文、旅结合在一起，多业态组合、支撑，最终实现村民增收。

在此方针下，设计团队对李窑村的产业特色进行挖掘。李窑村 1000 多亩水稻将成为其农业特色本底，在初步方案中，确定了将李窑村鲜明的“窑文化”放大、做强的主思路，弘扬当地民间艺术及非物质文化遗产。同时，引进和培育新产业、新业态，将乡村振兴与现代科技文化产业发展相结合，建设与相关行业相匹配的办公、休闲、运动、住宿的场所，让新李窑人可以在此安居乐业。

在此产业框架基础上，设计师们梳理了村子的肌理和片区，拟定整个村子大致可由前导区、餐饮市集区、文创雅集区、新产业培育区、康养民宿区、农业市集区六个部分组成，整体打造“农业 + 旅游 + 文化 + 电商平台 + 民宿”融为一体的特色产业链，营造乡村理想生活，使李窑村真正成为宜居、宜业、宜乐、宜游的“升级版”乡村振兴示范村。

建筑鸟瞰图

接待中心

公厕

景观桥

立面改造

设计方法论：低成本，组装式定制改造

项目整体投资金额相对较低，工程总投资5100多万元，包含房屋建筑改造和拆除、道路桥梁改造和新建、生态水环境、绿化和景观等所有费用。留给建筑改造的费用仅2200多万元，折算单方造价低至650元，这否定了新建的可能性。虽然设计团队一开始就坚定认为不可大拆大建，但此预算还是给设计工作带来了极大的难度和挑战。

一期计划改建民房133栋，总计建筑面积3.3万平方米。设计师们面对的是一百多套没有图纸，没有标准化的农民自建房，其中更有一些年久失修、结构安全性较差的危房，整体改造实属不易。因此，必须梳理出一套设计方法，既保证设计效果又能控制造价，同时考虑易于施工落地。133栋房子按照建设年代大体上可分为两大类，90年前后的砖混结构建筑以及2000年以后新建的小洋房或别墅类建筑。设计师们改造的重点集中在90年代这批老房子上。

改造前

改造后

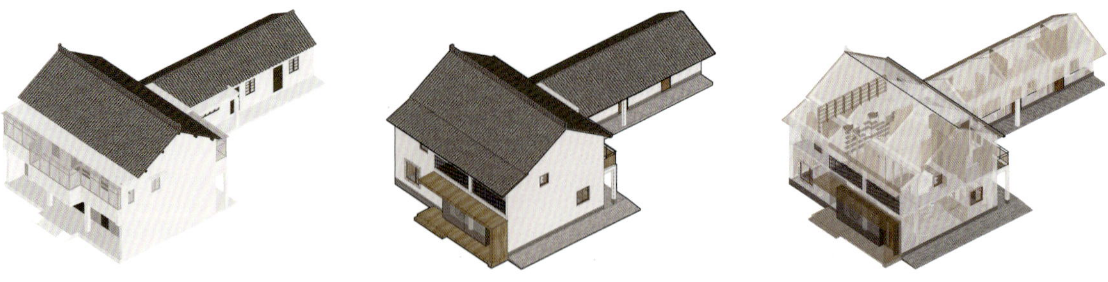

原始民居

更新立面结构

空间利用效率最大化

标准单体示例1改造对比

这批民房多为砖混结构空斗墙体，三开间，二层或三层，局部挑出楼板，屋面板为预制板，整体结构性能难以满足日后运营功能以及村民日常生活。改造的重点是南立面，因此屋顶和阳台的关系成了设计师需要主要解决的问题。

设计师们开始进行大量的踏勘和记录工作，将全村所有的房子进行编号，拍照、探访、记录，每一栋房子都有了自己的一套档案。设计师们将现状建筑进行典型分类，并有针对性地研究几种模型样式，包括屋顶做法、披檐样式、结构加固、门窗形式、材料组合等。同时，造价计算也同步进行，确保了每一种做法、样式都是在单方造价内可实施落地的，最后形成了一套基本的建筑模块。

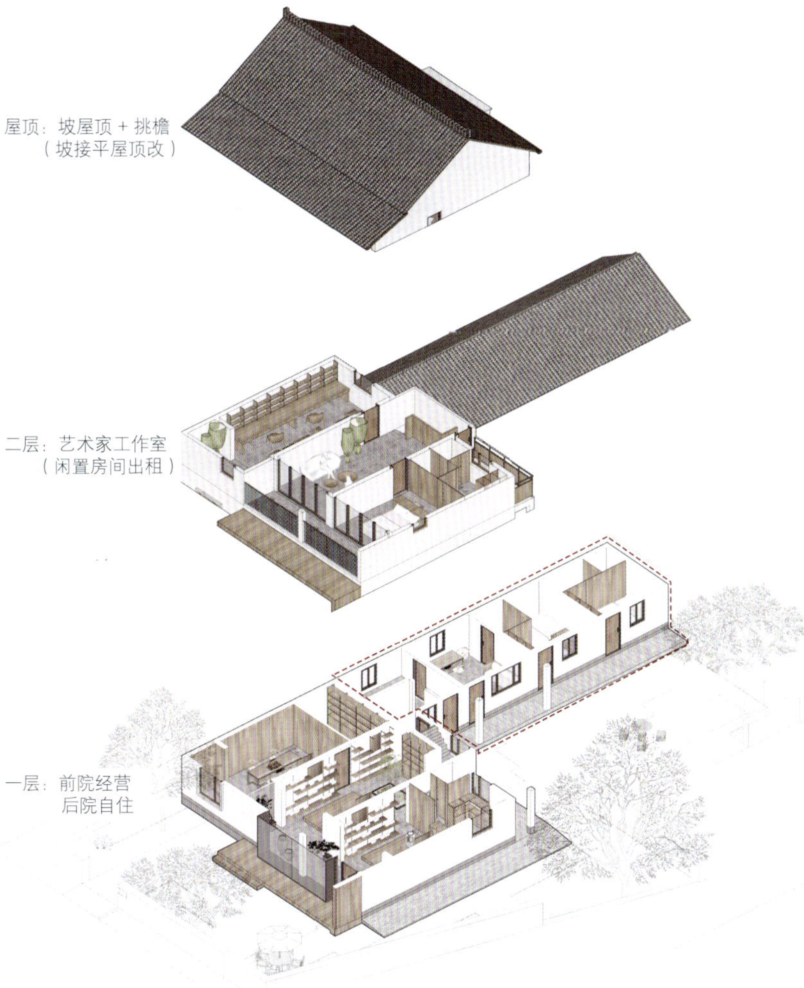

标准单体示例1改造概念示意图

设计师们选取了几栋示范样板，进行基本模块的组合。由于每套民房的尺寸和空间都不同，所以即使是采用基本模块组合之后，依然没有完全一样的两套房子。建筑的丰富性和设计施工的可操作性在这个方法下同时得到了满足。

基于李窑村自身的文化底蕴和特点，材料上设计师们更多地使用青砖元素，受造价和结构限制，青砖与仿青砖柔石贴面结合使用，在立面结构薄弱的地方用仿青砖柔石贴面代替真实青砖，既满足效果又不为结构带来更多负担。彰显李窑村的窑文化特征，不落于常规江南村落整村粉墙黛瓦的套路，真正做到一村一特色。

改造前立面实景

改造后立面实景

改造前立面图

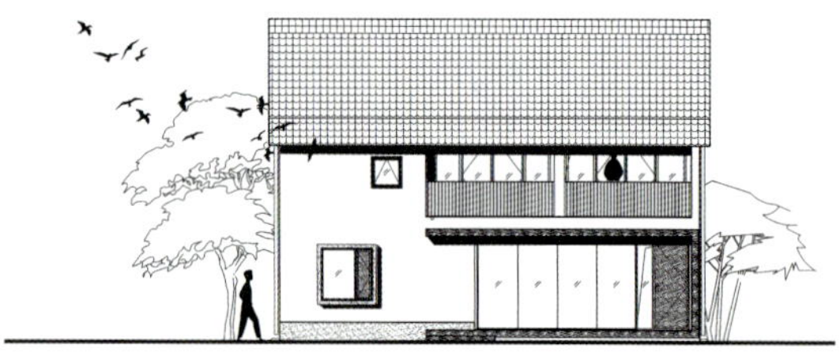

改造后立面图

标准单体立面改造前后对比

改造前的建筑与环境

改造后的建筑与环境

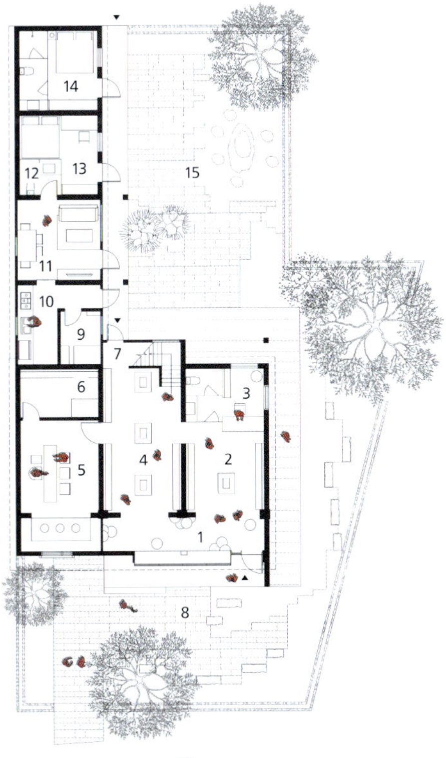

1. 美陈区
2. 作品展示 / 销售
3. 员工柜台
4. 展示 / 销售
5. 茶室
6. 操作间 / 储藏
7. 楼梯间
8. 工作室前院
9. 农具储藏
10. 厨房
11. 餐厅 / 客厅
12. 卫生间
13. 次卧
14. 户主卧室
15. 户主内院

一层

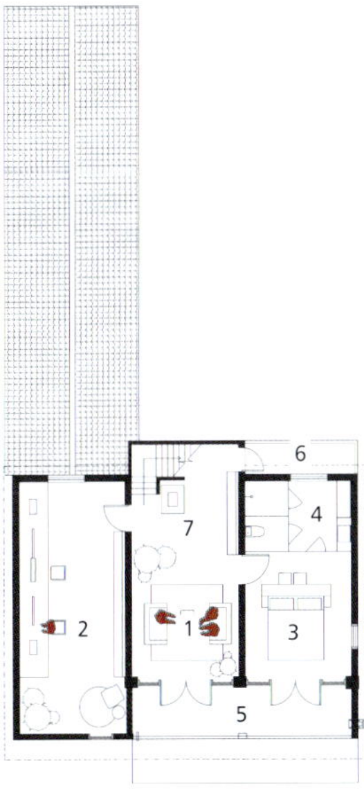

1. 艺术家会客厅
2. 艺术家工作室
3. 艺术家休息室
4. 卫浴 / 衣帽间
5. 阳台
6. 生活阳台
7. 前厅

二层

标准单体示例 1 平面图

立面改造彰显文化特征

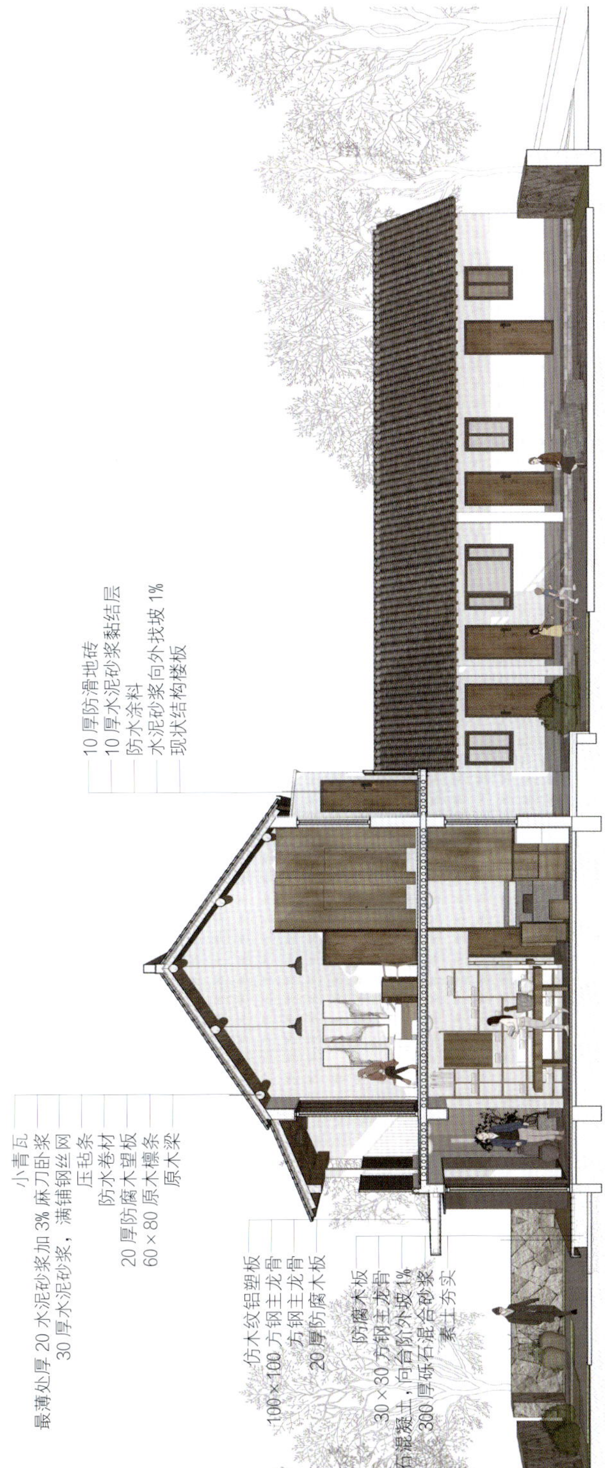
10厚防滑地砖
10厚水泥砂浆黏结层
防水涂料
水泥砂浆向外找坡1%
现状结构楼板
小青瓦
最薄处厚20水泥砂浆加3%麻刀卧浆
30厚水泥砂浆，满铺钢丝网
压毡条
防水卷材
20厚防腐木望板
60×80原木檩条
原木梁
仿木纹铝塑板
100×100方钢主龙骨
方钢主龙骨
20厚防腐木板
防腐木板
30×30方钢主龙骨
细石混凝土，向台阶外找坡1%
300厚砾石混合砂浆
素土夯实

标准单体示例1剖面图

有了示范样板的信心，接下来便开始了大规模的方案设计，设计师们将原始资料和研究的基本模块分给不同的工作小组，每个工作小组根据各自组团的功能和民房的实际现状，选用不同的模块进行组合拼装，包括结构加固方式、屋顶形式、门窗洞口设计等。同时每个单体都需要放置在整体基地中考虑其协调性，最后确认每个组团的完整性。与此同时，也在不停地复核造价，确保整个项目的可行性。

鸟瞰图

门窗的形式

建筑细节

多方协作：村民参与，设计整合，现场调整

概念方案有了初步成果，但村民流转的意愿并不强，开展落地深化设计的工作节奏慢了下来，然而距离最终竣工验收的时间却刻不容缓。当务之急只能每流转出一户，即刻安排专业团队进行精确的建筑测绘和结构检测，设计师们再将拿到的图纸和之前的 BIM 草模做一个比对，直接在测绘图纸上进行施工图设计。前期研究的典型墙身大样和门窗做法则根据测绘情况做微调。施工图纸每出完一套，即刻给总包单位安排施工进场。甚至后来在没有拿到测绘图纸的情况下，根据经验先开始了部分屋顶和阳台的拆除及结构加固工作，整个过程仿佛一条高速周转的流水线。

完工后的样板院

随着几套样板院的相继完工，村民也渐渐有了信心，越来越多的村民愿意让自己的房屋进行流转改造，从一开始的 5 户增加到了 100 多户，数字一直在增长。村子的各个角落都陆陆续续开始了改造工程，村民们的关注度也越来越高，同时也结合自己的生活习惯提出了很多想法和要求。

新建公共卫生间

建筑师在乡村的角色和身份是多重的。在城市项目中，建筑师的工作只是成熟的工业大分工中的一个环节，但在乡村，建筑师的工作边界被模糊了，设计的范围变得时大时小，跨领域融合更是家常便饭。

在乡村，整个设计工程进行到执行操作层面之时，40% 靠图纸，30% 靠现场调整，30% 靠施工队和村民自己的发挥。在这个过程中，建筑师的身份既是引导者，也是学习者；既应该凸显作为设计者的专业能力和审美价值，又应该尽可能用当地村民和施工队的视角去观察，去思考，甚至去生活。

接待中心建成效果

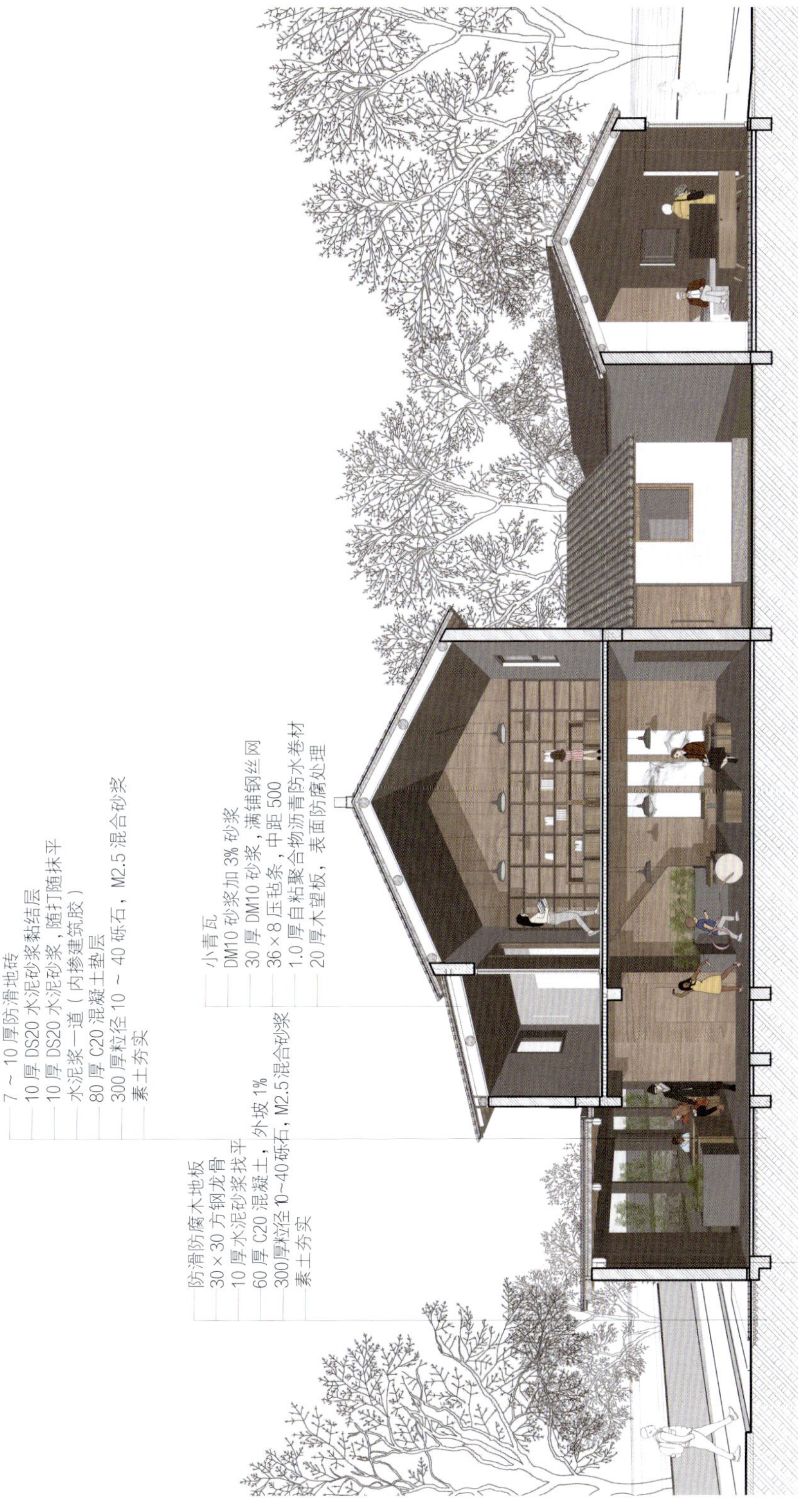
7～10厚防滑地砖
10厚DS20水泥砂浆黏结层
10厚DS20水泥砂浆，随打随抹平
水泥浆一道（内掺建筑胶）
80厚C20混凝土垫层
300厚粒径10～40砾石，M2.5混合砂浆
素土夯实
小青瓦
DM10砂浆加3%砂浆
30厚DM10砂浆，满铺钢丝网
36×8压毡条，中距500
1.0厚自粘聚合物沥青防水卷材
20厚木望板，表面防腐处理
防滑防腐木地板
30×30方钢龙骨
10厚水泥砂浆找平
60厚C20混凝土，外坡1%
300厚粒径10~40砾石，M2.5混合砂浆
素土夯实
平铺小青瓦（平瓦）
最薄处20厚DM10砂浆加3%砂浆
30厚DM10砂浆，满铺钢丝网
36×8压毡条，中距500
3.0厚SBS改性沥青防水卷材
20厚木望板，表面防腐处理
80×150高防腐木檩条
下设10厚防腐木板
结构钢梁

接待中心剖面图

接待中心入口景观

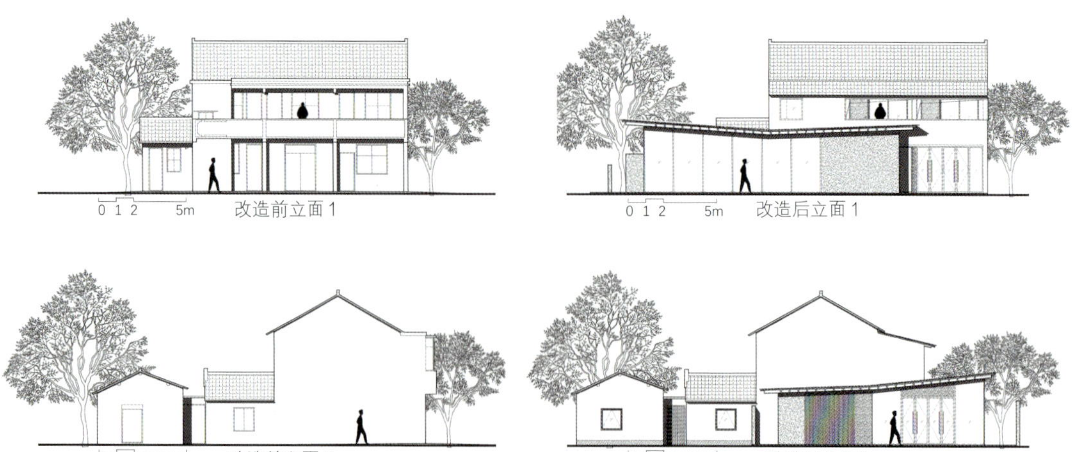

接待中心立面改造前后对比

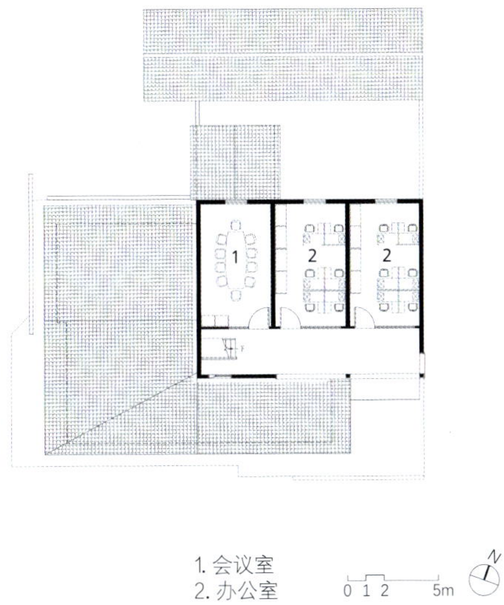

1. 会议室
2. 办公室

二层平面图

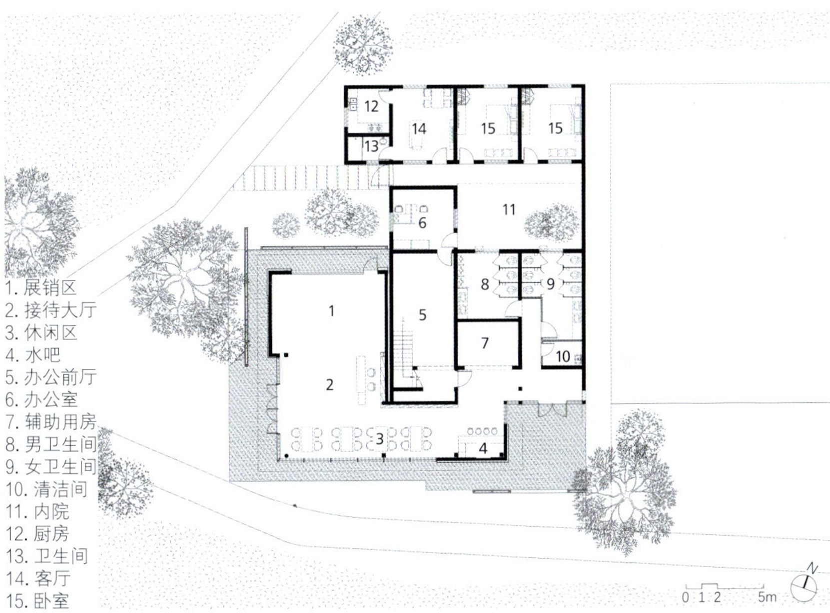

1. 展销区
2. 接待大厅
3. 休闲区
4. 水吧
5. 办公前厅
6. 办公室
7. 辅助用房
8. 男卫生间
9. 女卫生间
10. 清洁间
11. 内院
12. 厨房
13. 卫生间
14. 客厅
15. 卧室

一层平面图

接待中心平面图

原乡美学：一面野趣田园，一面绿水桃源

在整体的景观方案上，设计团队通过因地制宜的设计，回应自然而然的传统村落肌理，通过对空间的重新梳理，对场景进行了场所植入、柔化与过渡。在对现有的资源进行规划整合后，设计师从河道、农田、建筑场地出发，重塑一个原生的、自然的“河 + 田 + 民宿”的乡村景观格局，将失去活力的空间通过“桥体”连接，同时依托产业类型而增加的配套服务点也为村民带来了参与建设与运营的机会。

极具观赏与趣味性的原乡植物

融入乡村环境的新建桥梁

设计师从历史角度挖掘、传承、发扬李窑优秀文化、民间艺术及非物质文化遗产，滋养“李窑乡土”。整个片区最集中的文化展示体现在村史博物馆、李窑村青砖、青村刻纸、打莲湘等。

从文化展示角度来看，整个片区最集中的出入口配套业态集群，向各类客群提供吃、歇、逛、购等综合体验业态，以及展示独特的稻田风光，让人们体验到美好惬意的田园生活。

原有桥梁改造

最终，在160天的工期内，房屋改造、绿化种植、道路翻新及新建等项目，在各种交叉施工下得以完成。在改建过程中，设计和施工并没有抹去李窑村自身的特点，真正做到了“因地制宜”。逐家逐户个性化定制，投入的时间精力相比推倒重建是有过之而无不及，但能尽量满足村民对旧房屋的情怀，在翻新的同时最大限度地保留了村落原貌。设计师期待着村民和入驻的新李窑人可以在此真正地安居乐业，新李窑以新的空间载体，将窑文化的精神以新的面貌传承下去。

小猫小狗在桥上乘凉休息

贵州龙塘精准扶贫设计实践

项目全貌

项目地点：贵州省黔东南苗族侗族自治州雷山县西江镇龙塘村
建筑面积：2400 m²（新建 1650 m²，改造 750 m²）
规划建筑设计：line+ 建筑事务所
主持建筑师 / 项目主创：孟凡浩
设计团队：梁曦、朱明松、张罕奇、涂单、石尚流、代圣轩（建筑）；金鑫、章振东、李崇昊（室内）；李上阳、金剑波、陈晓蓉、张文杰（景观）
摄影：存在建筑 - 建筑摄影
业主：融创中国、友成企业家扶贫基金会、龙塘村委合作社

对于传统村落，保护是为了能让其更好地发展，发展才能实现对其真正的保护。我们希望在建造体系和建筑材料更迭的背景下，为苗寨民居做一个更新示范，寻求真实生活新需求与风貌协调的平衡。同时也希望借助外力的作用为龙塘挖掘文化、振兴工艺、引入产业、搭建平台，帮助其重新焕发内在活力。使其在外力撤出之后，依然能维持良好可持续的生存状态，完成真正意义上的稳定脱贫。

——孟凡浩

龙塘村位于贵州黔东南苗族侗族自治州雷山县，梯田茶林云雾缭绕，吊脚木楼依崖而落，淳朴的苗人世代居住于此，沿袭着古朴自然的生活方式。2013 年 8 月，龙塘村被列入国家公布的第二批中国传统村落名录。然而，随着社会的发展，龙塘村却因产业基础薄弱、人口空心化，而逐步走向衰落。

龙塘苗寨鸟瞰

村落总平面图

2013 年 11 月，“精准扶贫”重要思想被首次提出，成为中国脱贫攻坚的基本方略，在这一思想指引下，精准扶贫实践不断深入推进。贵州苗寨“龙塘山房”是融创投身美丽乡村振兴与精准扶贫公益实践的首个项目。基于 line+ 在乡村振兴领域的全方位经验，融创中国、友成企业家扶贫基金会共同委托 line+，深入龙塘，重塑村落。

项目全貌

夜幕下的龙塘山房和公共区域

该项目建筑面积 2400 ㎡，包括 1650 ㎡的增量建筑置入和 750 ㎡的存量建筑改造。其中，增量部分由 8 幢单体客房及餐厅、悬崖剧场、无边泳池等公共区域配套组成，配以登山步道建设及局部景观修复，以此带动整个村落的生活、生产动线，以及未来发展的文旅产业流线。

新建公共区域

民宿外观

传统村落的未来：存量与增量并行

设计团队在调研的过程中发现，龙塘村也面临着当今很多传统村落里的一个所谓的“通病”——自发改造：村民们自发将传统美人靠用铝合金门窗封闭，来抵御严寒的气候，原本底层堆放农具的架空层也被村民用水泥和砖等现代材料扩建为房屋和卫生间等。村书记说到，村子里通了路，一些基本的现代建筑材料变得容易买到，近几年村民们陆续在改造自家房屋，来看过的专家都说我们是在搞破坏。

诚然，这是一种对传统建筑风貌的人为侵袭，但在设计师看来，这种村民自主的集体性改建，实则是他们真实生活需求的体现。传统农耕时代产居结合、就地取材的木构吊脚楼，已无法满足当代村民们对舒适便利生活的基本需要。

传统民居与现代生活需求，传统风貌与新型工业材料，传统工艺与新产业的激活，一边是田园牧歌的理想，一边是现实的发展与生活的需要，同时极低的造价预算也是需要克服的设计障碍。这些看似相互矛盾的问题摆在眼前，设计团队参与其中，从建筑师的角度，试图给这个走向没落的传统苗寨一个回应与解答。

设计介入前的村民自改房

尊重历史，拥抱未来——在风貌保护区内为村民做民居改造示范，在保护区外选址植入具有当代以及未来感却不失吊脚楼师法自然精神内核的精品民宿，存量与增量设计并行。设计师试图在提高村民生活品质的同时，理通苗寨的聚落脉络与文化脉络，为藏于深山的贫困村落引入流量，注入活力，激活村落的自我造血能力。

示范性改造成果外观

通往民宿的路径

民宿外观

“应对与通用”：存量改造

存量改造用村民自发改建时相近的成本，在对传统苗寨吊脚楼深入研究的基础上，对村民的生活方式和个人诉求做出回应。设计团队希望改造完成后，这个既解决问题又维持造价不变的设计能够成为村民改建自家房屋的范本，改变原有私搭乱建对传统风貌产生的破坏。

平衡传统建筑与现代需求间的冲突且减少现代材料带来的异质感，是设计团队在存量改造时首先考虑的问题。改造设计最大限度地保留和利用原有建筑的结构与立面材料，将村民当代生活中需要的现代化厕所、厨房、农具储存等生活功能作为一个空间体块植入原有建筑的架空层及一侧，同时留出部分架空区域，为村民避雨、遮阴、社交、停车等日常需求提供场所。屋顶空间延续村落风貌，增加坡屋顶，同时也提供了通风遮雨的屋顶晾晒区。最后，设计师希望通过增设太阳能光伏板的方式，为村落带来绿色清洁的能源。

得益于材料的在地性与结构、构造的简化，示范改造的最终成本与村民自发改建的成本相近，完成效果也得到村民的认可并自发模仿。当地的 15 户村民以此为范本对自家房屋进行了改造，实现了以点带面式的示范性推广，达成一种应对需求下的，从侵蚀风貌到修复风貌的自我复兴。

传统吊脚楼示范性改造成果外观

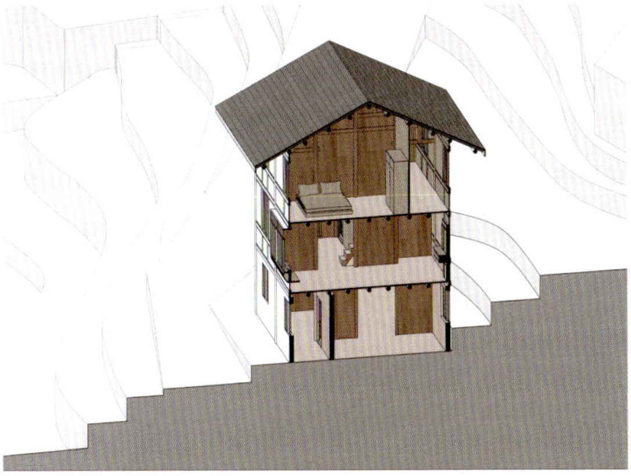

改建前剖面图

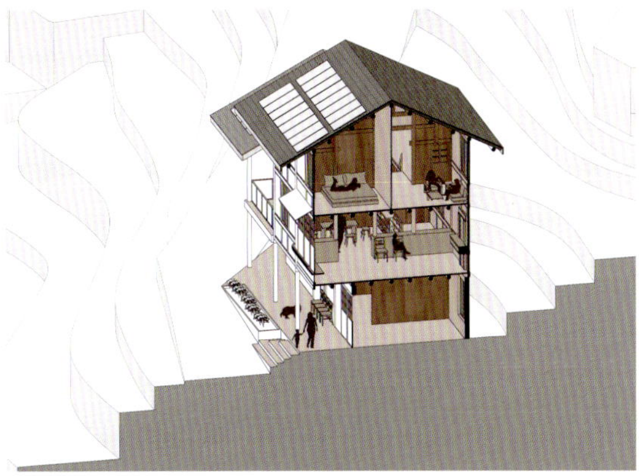

改建后剖面图

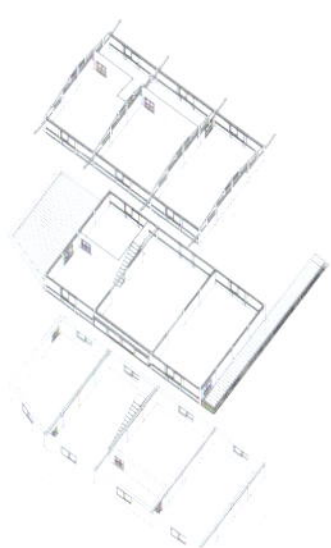

改建前轴测图

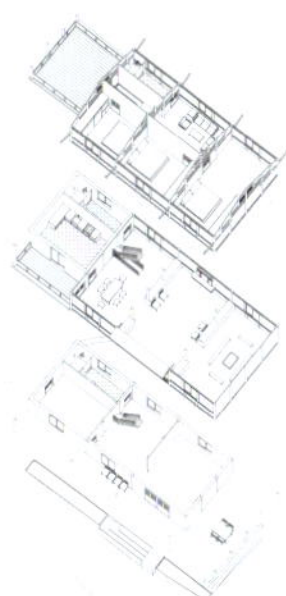

改建后轴测图

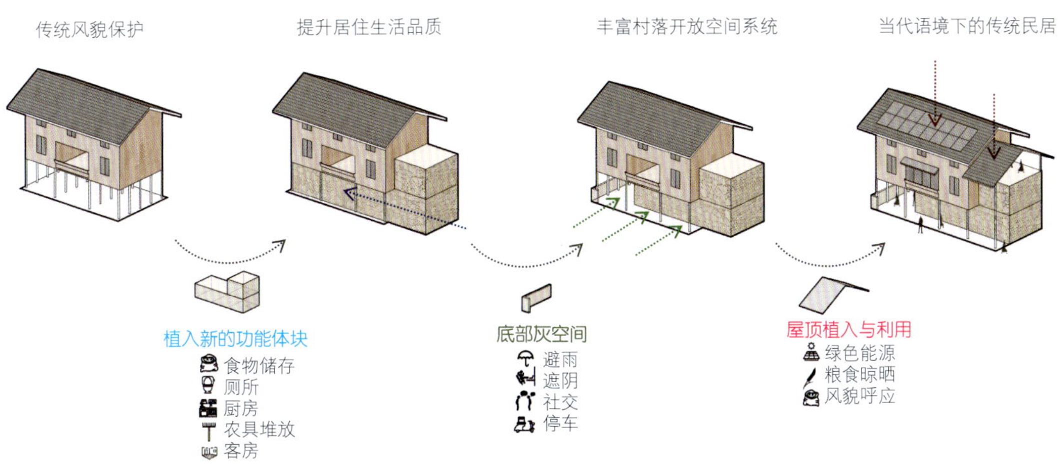

传统吊脚楼示范性改造策略

传统吊脚楼示范性改造外观

传统吊脚楼示范性改造内部

太阳能光伏板
利用龙塘充足的阳光与坡屋顶本身的向阳坡度，将太阳能转换为电能，利用绿色能源补给村民用电
美人靠折叠封闭门
底层凉廊
底层局部封砖，形成凉廊灰空间，居民可以乘凉谈天，可以堆放必要的生产工具，甚至可以停放车辆
竹钢扶手
利用贵州盛产的毛竹与钢结合制成扶手，使建筑整体材料和谐统一
贮藏空间顶层平台
将原本在吊脚楼内的贮藏空间移至附属用房顶层
二层厨房与厕所
附属用房二层用作厨房和厕所，与吊脚楼餐厅连接
一层房间与厕所
一层将架空层局部封砖，用作房间与厕所
石墙
利用当地石材做维护结构，不仅保温隔热性能好，而且风貌统一和谐

传统吊脚楼改造策略图

“生长与对话”：增量置入

“龙塘山房”和传统吊脚楼一样，生长于山脊上，在化解地势高差的同时形成高低错落、互不干扰视线的客房聚落。选址与风貌保护区相隔却又相互遥望，仿佛是苗寨过去与未来的遥相呼应。

客房的形制由传统的苗族吊脚楼演变而来，将建筑底层架空，脱离山体，在满足通风防潮需要的同时将客房设备隐藏其下，整体建筑体量得以“悬浮”在山林坡顶，远观若隐若现，近观与山一体。每栋客房入口在建筑与山体交合处，利用地形成就巧妙的上下立体关系。

在客房的建造过程中，轻与重不存在对立，而是互相成就。基于场地施工难度，客房原计划通过钢结构预制生产实现一种轻盈的未来感，但在极低的造价条件下，通过与当地施工人员沟通，最终还是调整成虽显沉重，但价格便宜的钢筋混凝土结构。

建筑体量“漂浮”在近 45° 的山体斜坡上，将玻璃、金属板等当代材料与毛石、小青瓦、木材等在地材料混合使用，以脱离基底的建筑体量和融入山林的材料质感将建筑结构的“重”消解。设计基于在地条件，以当代的建造手法转译出传统吊脚楼依山就势的特点。

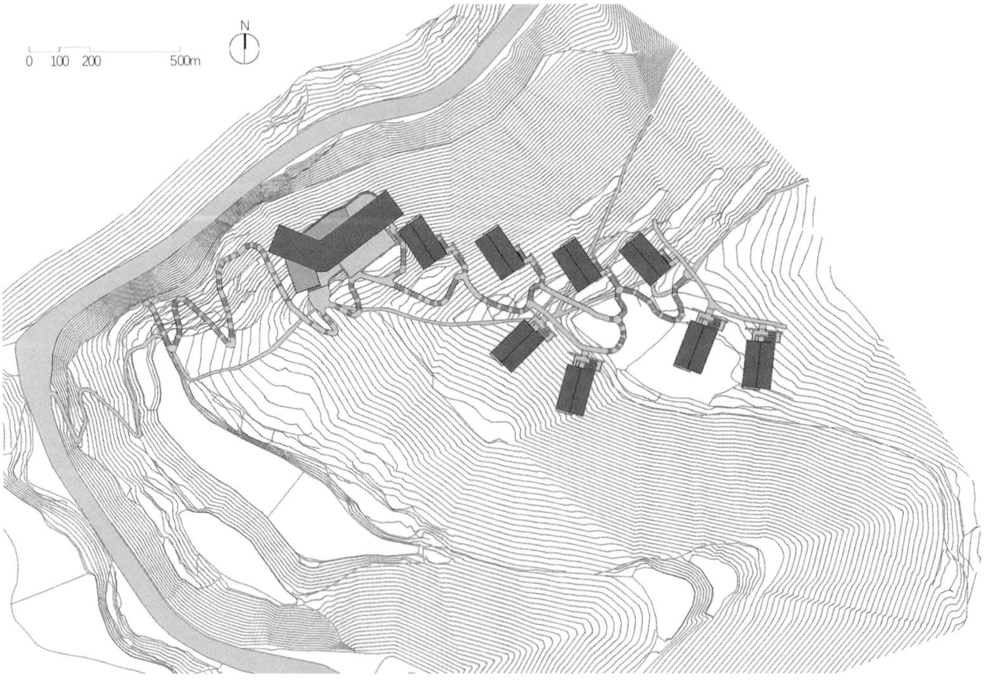

龙塘山房总平面图

建筑与自然环境

新建建筑外观

建筑体量“悬浮”在山林坡顶

1. 卧室
2. 客厅
3. 阳台

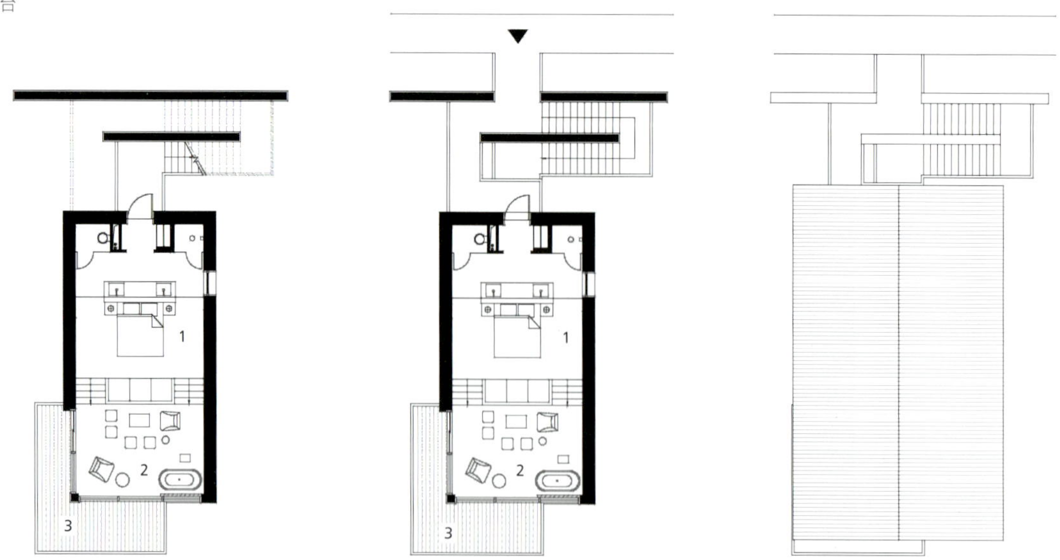

一层平面图　　二层平面图　　屋顶平面图

客房平面图

民宿外观

云雾中的民宿

“龙塘山房”的民宿公区则突破了传统乡土建筑的形式与风格，试图营造精致纯净的现代感与自然山野之间的对话。建筑根据山体的高差自然分成两个“L”形体块，上下连接，相互咬合，上部探向远山，下部内敛于半坡，依据山形山势生成流动的边界，嵌入山体与森林，以抽象的形式对话传统龙塘苗寨。

夜幕下的龙塘山房与公区

观景平台

公共区域

1. 书吧
2. 民宿体验中心
3. 管理用房
4. 餐厅
5. 厨房
6. 泳池
7. 库房
8. 观景平台
9. 后院

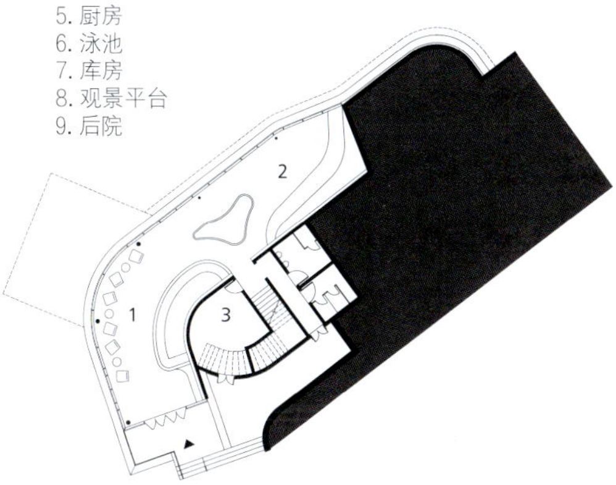

一层平面图

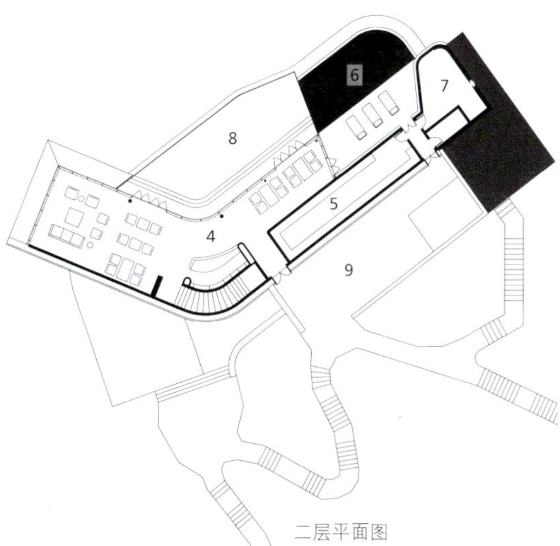

二层平面图

公共区域平面图

交错咬合的“L”形体量获得了最大化的景观活动面，分别形成了两个不同高差的室外景观露台，上层屋面可登高望远，一览村落的人文与自然美景，下层屋面也结合使用功能，形成室外景观剧场以及无边泳池。

考虑到山地以及曲面施工的复杂性，建筑主体采用钢结构体系，外部包裹金属铝板，内部与室内界面留出空腔填充轻质保温以及防水材料。整体在工厂加工完成，现场吊装。建造简易迅速、运输方便安全，这样的选择，也充分应对了乡村现场施工的精度不足和山地施工的复杂条件。

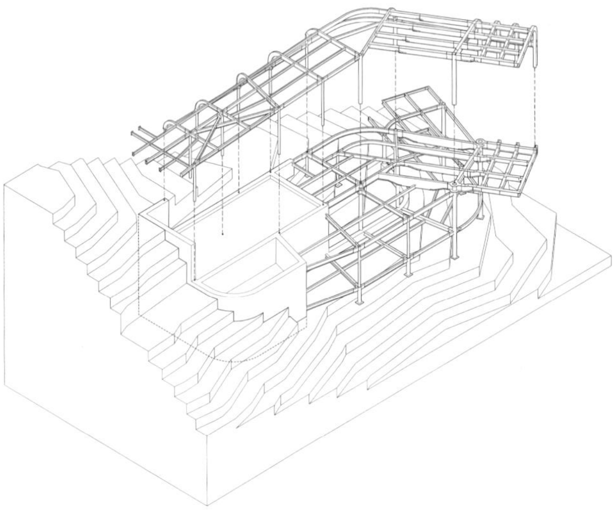

公共区域结构线稿

公共区域钢结构框架

观景平台

公共区域内部空间

价值溢出下的精准扶贫

如今，龙塘正重拾乡村活力，实现了从“生活”到“生产”的全面进步。融创与友成企业家扶贫基金会结合自身优势产业及资源，通过文旅切入、产业带动、文化激活、教育帮扶等手段，在保护村庄民族文化及传统生活方式的基础上，建立起“扶贫不返贫”的长效发展机制。村内成立龙之塘乡村旅游专业合作社，印主题酒店管理公司则以专业的运营经验为后续发展注入力量，挖掘村落物质文化遗产，振兴传统工艺，助力经营餐厅、文创产品、非遗工坊等，提供乡村长期良性发展动力。

“龙塘山房”于 2020 年 10 月 19 日正式揭牌亮相并交付给村集体试运营，后续由印主题旅居协助龙塘村合作社负责管理、运营。运营收益的大部分都通过村集体归全体村民所有。2021 年 3 月 5 日正式启动运营以来，龙塘山房成为黔东南打卡胜地和酒店业内趋之若鹜的热门话题，为龙塘村发展带来了勃勃生机和新的经济增长点。

从“脱贫”到“振兴”，龙塘乡村实践的阶段性成果引起了社会的广泛关注，多家媒体分别对龙塘村脱贫振兴的发展面貌进行了报道。借助建筑为媒介所产生的社会影响力，龙塘在投入运营后，更是进一步实现稳定脱贫、持续增收、逐步致富，从当年的贫困村摇身成为如今的示范村。

建造不是一蹴而就的过程，乡村振兴更是多方合力实践下才能完成的愿景。建筑师投身脱贫攻坚的前方战线，应对传统苗寨村落在发展失位中产生的现实问题，存量示范，增量带动，在地理与经济的限定条件中解决直观需求，为乡村造血，使其在现代新型生活方式的转型中自我更新，有序发展。

从种植区远观民宿建筑

武义梁家山清啸山居民宿

▲建筑正面全貌

项目地点：浙江省金华市武义县柳城畲族镇梁家山村
项目面积：320 ㎡
设计公司：尌林建筑设计事务所
主创建筑师：陈林
设计团队：刘东英、时伟权、陈伊妮
摄影师：赵奕龙、尌林建筑设计事务所

项目基地位于浙江省金华市武义县梁家山村。2016 年该村被列入第四批中国传统村落名录。村中建筑依山而建，大部分建筑都是木结构夯土墙，一条小溪流过村落，溪边古树尚存。清啸山居坐落于村庄的古树旁、小溪边，小溪对岸就是梯田和环山，建筑背靠整个村落和大山，是理想中的隐居之所。场地原址有一栋三开间两层高的夯土房和一个小公厕，夯土房墙面已经大面积开裂，墙体倾斜外扩。综合考虑各方面因素，决定将其拆除重建，但是拆除的墙体原料被设计师保留下来并且再次使用在了建筑的墙体砌筑中。

建筑区位与村落布局

俯瞰民宿与村落的关系

云雾从山坳里飘上来

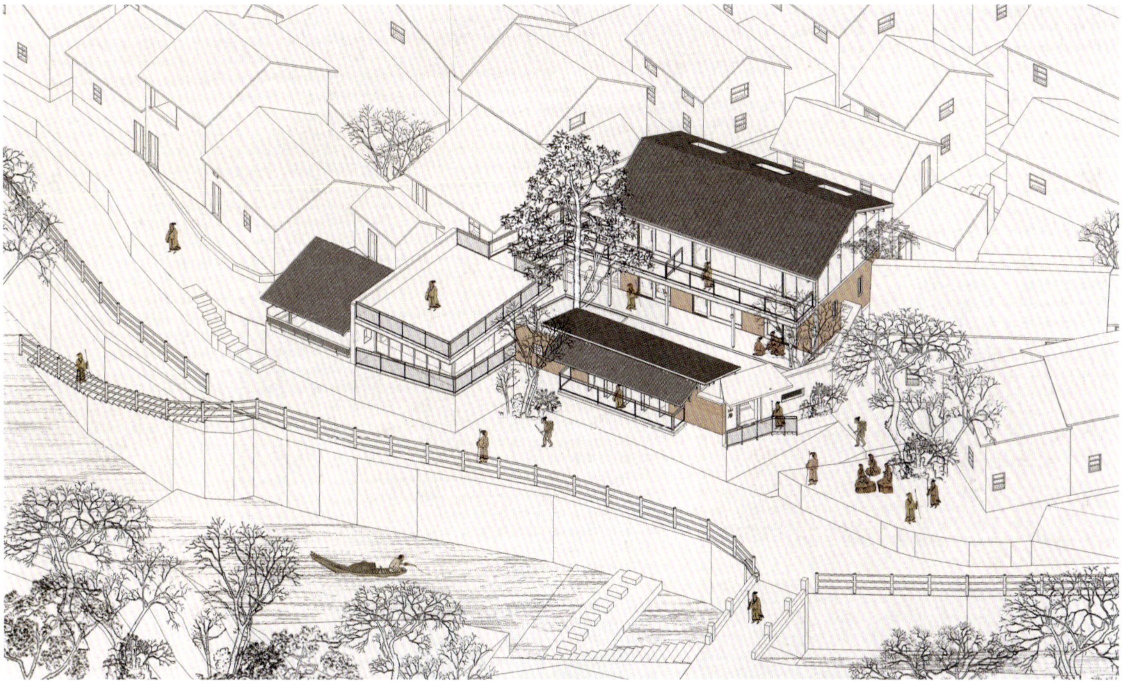

轴测图

处于小溪边的民宿融于村落中

梳理场地关系

场地上的原建筑体块分布呈围合状，一栋三开间的夯土主房，旁边分布三个小辅房，还有一个公厕，都在一个两米高左右的石坎台基上，与旁边的道路小溪呈阶梯状关系，边界呈锯齿状。原建筑主房入口在建筑的背面，由北面的一条小弄堂进入。

改造前现场照片

建筑坐落在石坎台基上

站在场地对面的山坡上，能看到整个村子的全貌。项目场地位于河边最显眼的地方，在这个位置做一个民宿，应该要完全融入原村落的整体肌理和空间组织关系中。方案延续建筑体块的内向型组织关系，保持原有组团的体块轴线，重新梳理建筑边界，延续和强化建筑在台基上的基地位置，重新组织村落肌理、组团空间、建筑形态、台基、巷道、小溪、梯田、环山之间的场地关系。

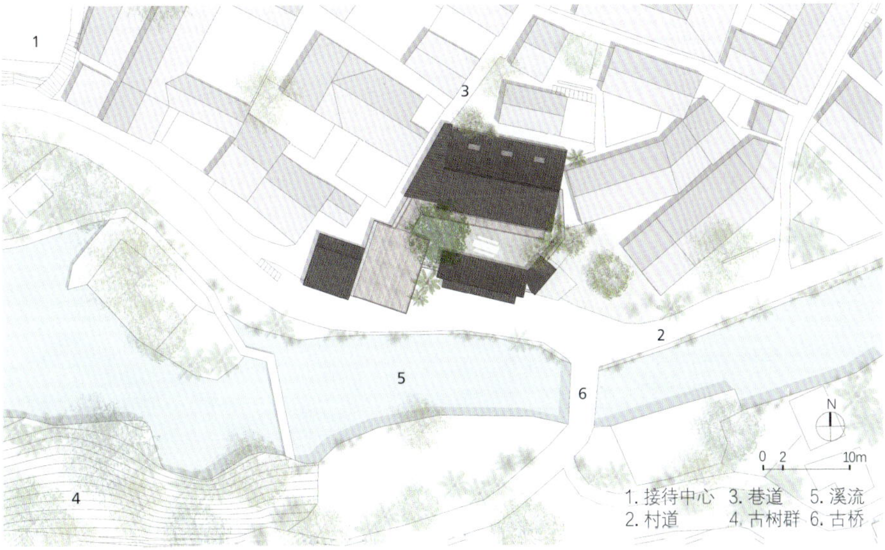

总平面图

民宿背靠整个村落和大山

乡村在地性展示

在村落中行走，随着地形的高低变化、民居的体量大小变化、方向的偏转，屋顶的边界关系呈现出一种错落有致、变化无穷的状态。这种状态希望在设计中呈现出来，以呼应当地建筑屋顶形态的变化，所以建筑的体量被打散、分解、重构。屋顶方向斜度变化，形成与原有村落民居和谐的屋檐与体量关系。

屋顶层叠交错的村落

高低错落的建筑屋顶

村落中的房屋基本都是依山而建，而且多为夯土房，怕潮湿和水，因此房屋都建造在一个个石砌的台地上。基地处原建筑也是建造在一个石砌台地之上，台地下方是一条沿溪村道，溪流与村道之间有比较大的高差，所以场地处就形成了多层级、高差大的阶梯状台地。建筑的主入口设置在下面村道处，便出现了入口处的三次转折来消化地形的高差。一段为石板铺设的坡道，上坡道后一条路径顺势通往邻家，一条折回，几个石条踏步进入建筑入口；进门后，转向又行几个踏步进入庭院。入口处有一种婉转上山的体验，也是台地高差所带来的路径变化。这种设计也延续了在古村中的行走体验。

东南角建筑外景

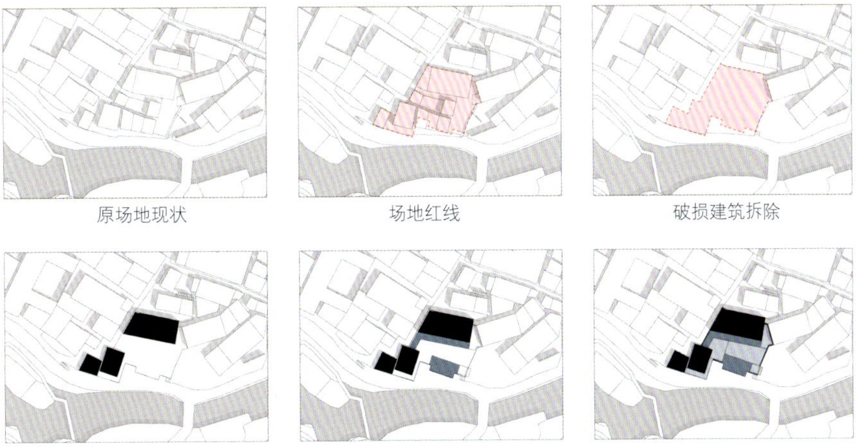

原场地现状　场地红线　破损建筑拆除

原址新建主体　增加廊亭　围合庭院

方案推演过程

建筑入口

建筑与村道的阶梯关系

建筑西侧与村道

乡村营造存在特有的限制性因素——交通不便、资源匮乏。在建筑材料运用上，利用当地的材料变成一种建造策略。村落中回收的小青瓦、原建筑夯土墙体材料、当地的毛石砌块、竹子、老石板、回收老木板、水磨石等，都是一些在地化的材料，方便就地取材。回收利用的再生材料也比较环保。

传统民居夯土转角保护

小青瓦垒砌墙体与亭子

小青瓦垒砌墙体细节

在建造工法上，遵循当地的一些传统建造工艺。建筑主体的墙体材料回收利用原夯土房上拆除下来的土料，拆除后堆放在建筑旁边的空地。民宿建造时将其重新夯筑作为墙体，一方面，节约材料的采购和运输成本；另一方面，夯土材料可回收再利用的特性被充分体现。延续乡村记忆和建造工法，是对乡村匠人智慧的尊重和传统建造技艺的传承，也是提倡一种再生循环和在地化的乡村营造理念。

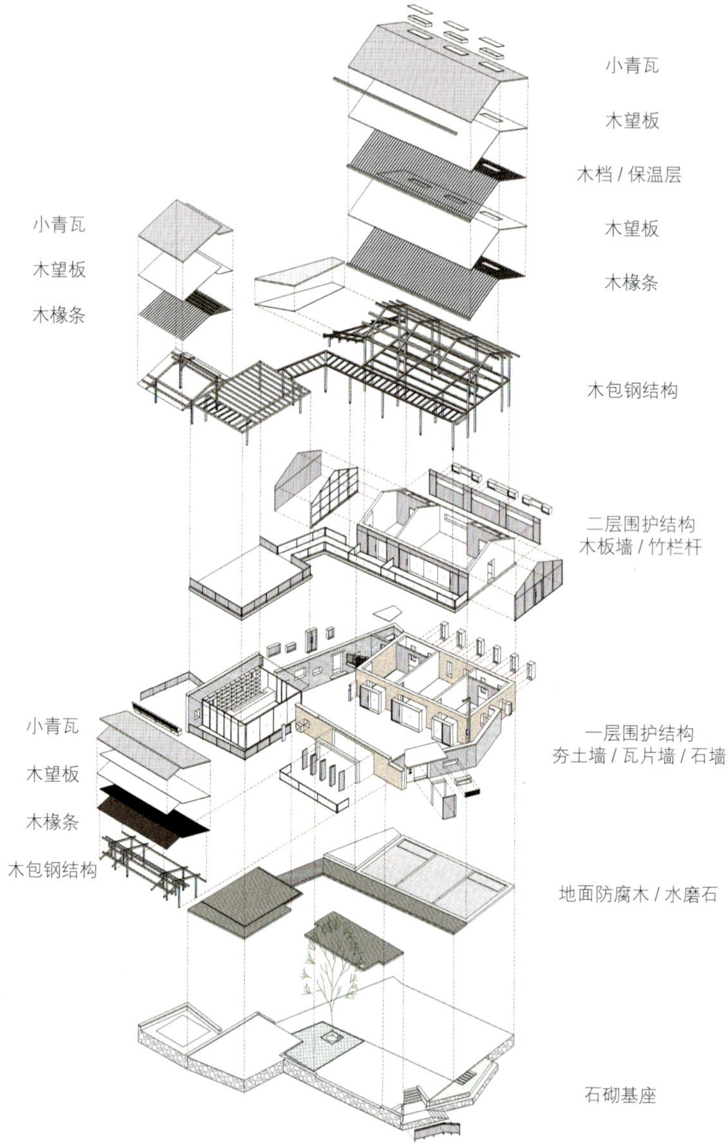

建筑结构分解示意

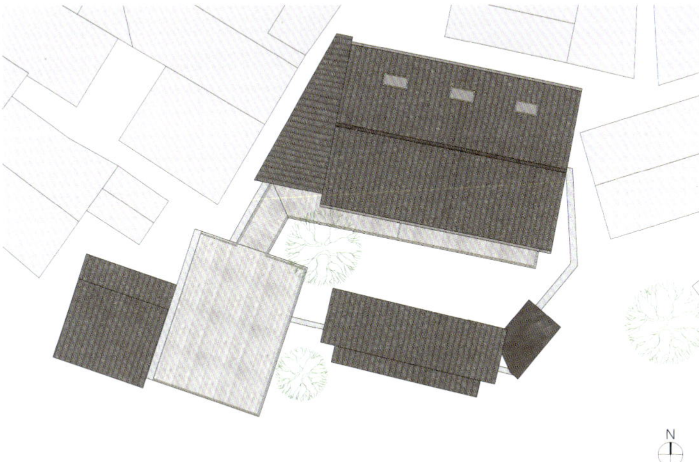

屋顶平面图

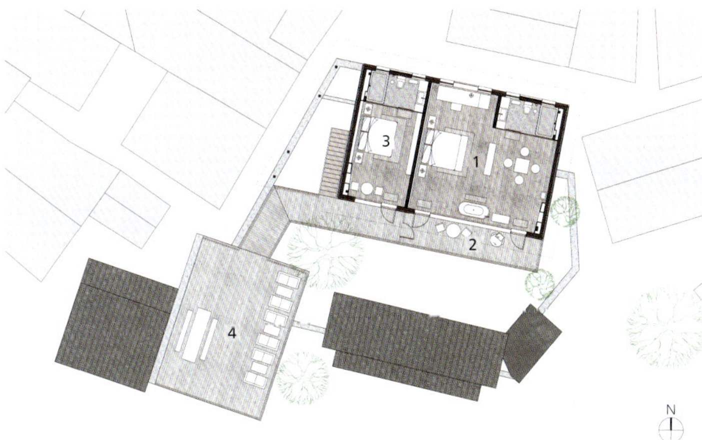

1. 套房
2. 阳台
3. 客房
4. 平台

二层平面图

1. 主入口
2. 入口玄关
3. 亭榭台
4. 客房
5. 水吧
6. 凉亭
7. 公共卫生间
8. 廊道
9. 次入口
10. 内庭院
11. 侧庭院
12. 浅水院

首层平面图

建造的过程中，设计师们要求当地的匠人参与建造，看乡村匠人干活能感受到什么是真实的建造，砌墙的每块石头都要精心挑选，顺应其形态选择位置。同时保留手工建造的痕迹和时间的印记，强调建造的真实性。建筑采用施工比较方便的钢木结构，与村落中传统建筑的构成逻辑相似，结构与外面的围护墙体脱开，用连接点将其连接。

现场建造场景

西侧钢木结构亭子

夯土转角处设计细节

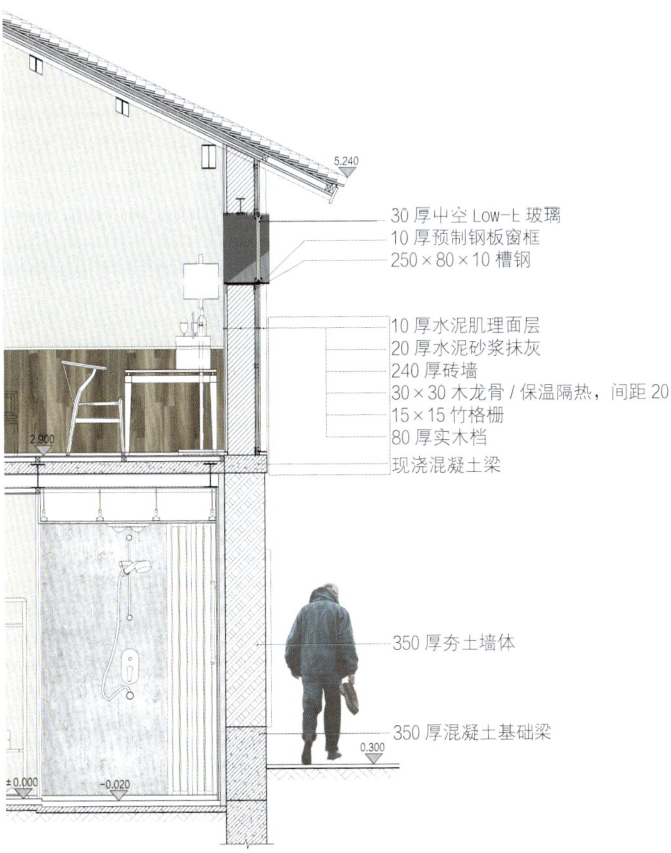

外墙墙身详图

雨天走在亭子下面

将自然引入建筑

站在场地中，映入眼帘的便是溪对岸的梯田古树和环山。自然景观被引入建筑空间中，变成一个重要元素。民宿所有的客房大开窗都面对梯田和山景，最大限度地把山景引入室内空间。望山亭是专门为了看山而设置的喝茶休闲空间，穿插在内庭院和小溪之间，故意将屋檐口压得很低，将视线聚焦在远处的梯田和小溪，当人们静坐在亭下便环山入目。

观山亭连接内庭院与外部景观

从一层客房看向庭院

二层客房的横向观景面

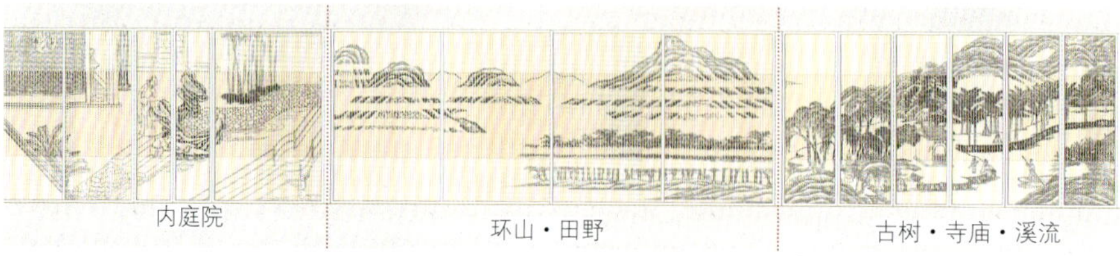

横向连续的卷轴视线观景概念

水吧作为民宿里面的公共空间，可以对外开放，是一个比较扁平的空间，外立面用竹格栅疏密布置，分上中下三段。水吧三个界面的视线明暗形成横向连续的画面关系，类似一张古画卷轴，古树在横向的卷轴中变成了画的一部分。卷轴连续地展现了村落巷道、连廊、水院、梯田、古树这些场景，希望用这种视角将人工和自然关联起来。水吧上面的屋顶平台集合了听水看溪、望山、观屋、赏树的所有视角。上楼梯步入平台，视线豁然开朗，建筑与村落环境的关系一下子被放开。

贯穿廊道、水庭院、观山亭、山景的空间融合

休闲水吧室内场景

二层客房室内场景

1 屋顶

200×150 小青瓦
30×30 挂瓦条
3 厚 SBS 防水卷材
20 厚木望板
30 厚木龙骨空腔
20 厚龙骨空腔走管线，间距 600
20 厚木顶板
40×40 木椽，间距 120

2 阳台

20 厚防腐木地板
40×30 木龙骨
3 厚柔性防水涂料
80 厚现浇混凝土楼板
30 厚压型钢板
120×60×8 工字钢梁
40×40 木龙骨
12 厚老木板吊顶

3 走廊

20 厚菠萝格室外地板
40×30 木龙骨
100 厚现浇混凝土
素土夯实

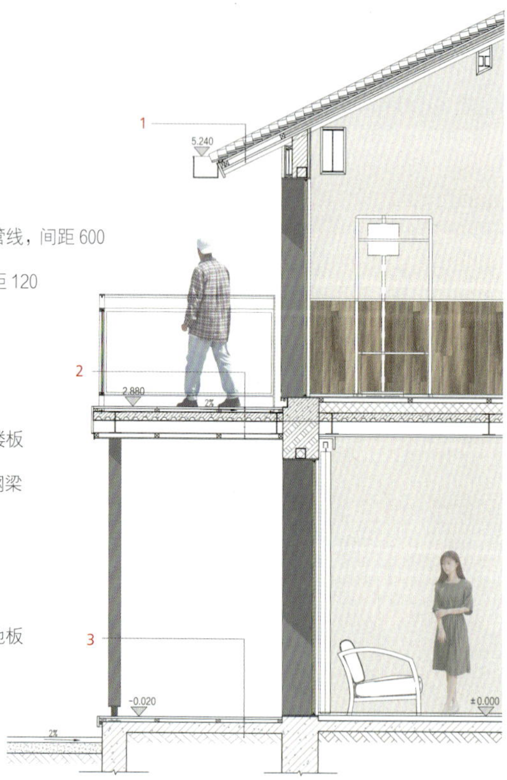

走廊墙身详图

客房卫生间

二层客房室内场景

观山亭与内庭院场景

建筑内部的微气候

夏天的一个中午，外面的温度很高，在其他的房子里也感觉特别热，从村子里走入民宿体感温度一下子就降了下来。在廊子里能感觉到对流的风从中穿过，即使站在有太阳的院子里也感觉不到热，室内就更加凉爽了。设计师在建筑设计之初就考虑了其通风采光、保温隔热等各方面的性能，建筑沿着地形关系呈阶梯状布局，在外围墙体上开了很多通风和视线穿透的小窗洞，空气顺着这样的空间形态产生自然风的流动，同时建筑材料也缓解热量吸收，旁边小溪的水面和古树绿荫也加强了建筑的微气候循环。

楼梯处廊道、屋顶、瓦墙的空间关系

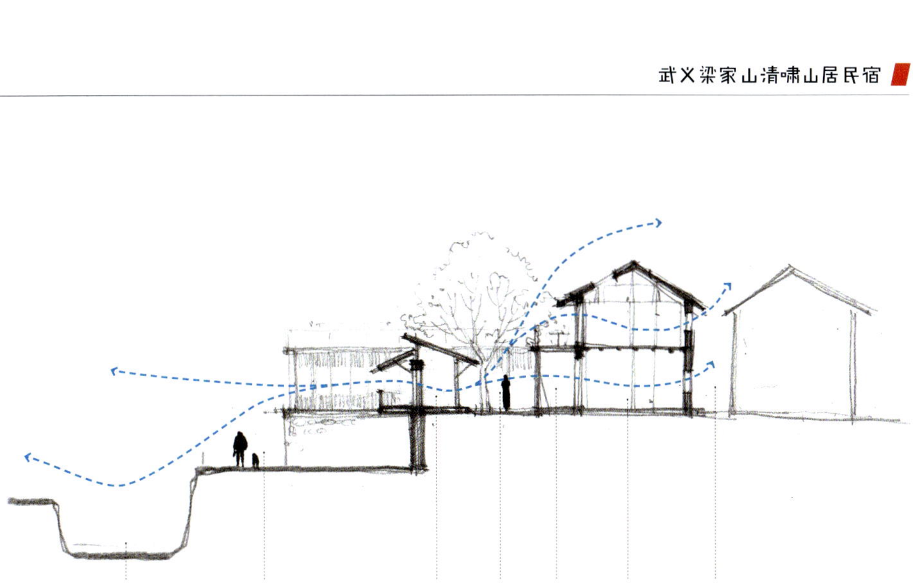

自然通风分析

南立面图

南北向剖面图

建筑将公共性还给村民

场地上原来有一个小型公厕，在建造民宿的时候希望把这部分公共空间再还给村民。位置在村道的端头，旁边是古树和小溪，设计师把这个位置做成了一个半开放的亭子，对着村里的古树和小溪，村民们闲来无事的时候可以坐在这边闲聊。亭子还有另外一个功能：傍晚亭子的灯光亮起来，便像是一盏灯笼，为村民们照亮回家的路。

建筑处于古村中，周边场地归属权比较复杂，在设计之前没法获得非常确定的边界。设计师就按照原建筑拆除之前的边界来确定范围，但是在建造的过程中就不断地遇到问题，给建筑落地带来很多的困扰，这是在设计之前没有想到的。当然也正是乡村营造的这种特殊性，使乡村项目变得有趣和生动。在这个过程中，设计师学会了很多应对这类问题的策略和方法，为今后的项目实践积累了经验。

傍晚亮灯的亭子

村民坐在亭子里听溪观树

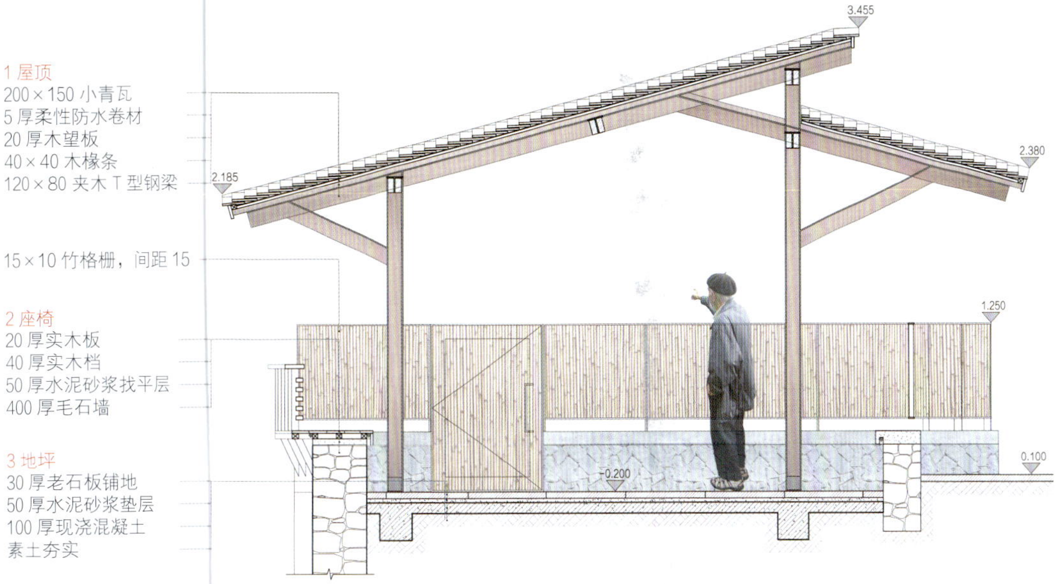

亭子墙身详图

村民在亭子里喝茶

设计公司名录

line+ 建筑事务所
地址：浙江省杭州市教工路 198 号
电话：0571-81020070
邮箱：pr@lineplus.studio

llLab.|叙向建筑设计
地址：上海市徐汇区高安路 101 号 B1
电话：13482508605
邮箱： hello@lllab.net

三文建筑
地址：北京市朝阳区望京街道金隅国际 A 座 12b 层 02 室
电话：18611218007
邮箱：contact_3andwich@126.com

尌林建筑设计事务所
地址：浙江省杭州市西湖区转塘街道融创瑷骊山 20 幢 202
电话：13588184269
邮箱：shulin_official@163.com

水石设计－米川工作室
地址：上海市徐汇区古宜路 188 号
电话：13761420540
邮箱：micarch@126.com